高等院校"+互联网"系列精品教材

U0398101

FPGA 开发技术与
应用实践

贺敬凯　王永强　编著

扫一扫看本课程教学计划

電子工業出版社.

Publishing House of Electronics Industry

北京·BEIJING

内 容 简 介

本书结合行业新技术发展和岗位技能需求，以实用性为出发点，通过企业工程实践中提炼的 23 个典型工作任务，循序渐进地介绍 FPGA 应用开发技术。

全书共分为 8 章。第 1～3 章以 5 个典型工作任务为主线，介绍 FPGA 应用开发基础知识，包括硬件平台、Quartus II 集成开发环境、Verilog HDL 硬件描述语言和 ModelSim 仿真环境。第 4～6 章以 15 个典型工作任务（含 6 个综合应用项目）为主线，介绍 FPGA 与外设接口电路的应用设计，包括 LED 灯、按键、数码管、液晶、PS2 和 VGA。第 7～8 章以 3 个典型工作任务为主线，介绍基于 FPGA 的嵌入式处理器的应用设计，包括 MC8051 和 Nios II。本书以典型工作任务为主线编排教学内容，方便开展项目化教学，操作性强。

本书为高等职业本专科院校 EDA 技术和 FPGA 应用开发技术等课程的教材，也可作为开放大学、成人教育、自学考试、中职学校、培训班的教材，以及工程技术人员的参考书。

本书提供免费的电子教学课件、源代码、习题参考答案等，详见前言。

图书在版编目（CIP）数据

FPGA 开发技术与应用实践/贺敬凯，王永强编著. —北京：电子工业出版社，2018.1（2022.12 重印）
高等院校"+互联网"系列精品教材
ISBN 978-7-121-31918-1

Ⅰ. ①F⋯ Ⅱ. ①贺⋯ ②王⋯ Ⅲ. ①可编程序逻辑器件－系统设计－高等学校－教材 Ⅳ. ①TP332.1

中国版本图书馆 CIP 数据核字（2017）第 137057 号

策划编辑：陈健德
责任编辑：刘真平
印　　刷：北京七彩京通数码快印有限公司
装　　订：北京七彩京通数码快印有限公司
出版发行：电子工业出版社
　　　　　北京市海淀区万寿路 173 信箱　邮编　100036
开　　本：787×1 092　1/16　印张：15.25　字数：390.4 千字
版　　次：2018 年 1 月第 1 版
印　　次：2022 年 12 月第 9 次印刷
定　　价：52.00 元

前　言

随着电子技术的快速发展，五花八门的现代电子产品得到广泛应用，行业企业需要大量的 FPGA 技术人才。为满足市场需要，许多高校已开设 FPGA 应用开发课程，但目前 FPGA 应用开发方面的教材，大多距离开发实用的应用系统还有不小的差距。基于这一点，本人结合 Altera EP2C8 开发板，在进行多项工程实践的基础上编写了本书。本人长期从事硬件描述语言、数字系统设计及 FPGA 应用开发等课程的教学与实践工作，结合行业技术应用不断地充实和完善了该课程教学项目。

本书以实用性为出发点，通过企业工程实践中提炼的 23 个典型工作任务，循序渐进地介绍 FPGA 应用开发技术。

全书分为三大部分，第一部分介绍 FPGA 应用开发基础知识，包括第 1～3 章，主要内容有硬件平台、Quartus II 集成开发环境、Verilog HDL 硬件描述语言和 ModelSim 仿真环境。第二部分介绍 FPGA 与外设接口电路的应用设计，包括第 4～6 章，主要内容有 LED 灯的控制、分频器、状态机建模、层次建模、数码管的显示控制、LCD 的显示控制、按键的消抖及应用、标准键盘的应用、VGA 的显示控制、呼吸灯设计、序列检测器设计、反应测量仪设计、数字跑表设计、多功能数字钟设计、贪吃蛇游戏设计。第三部分介绍基于 FPGA 的嵌入式处理器的应用设计，包括第 7～8 章，主要内容有 MC8051 处理器软核和 Nios II 处理器软核的应用技术。书中内容全部符合 IEEE1364－2001 标准。

本书基于一套开发环境：Cyclone II EP2C8Q208C8 开发板、Quartus II 开发软件和 ModelSim 仿真软件。

本书的特色：

（1）以典型任务为主线编排教学内容；

（2）任务大多来源于实践，方便开展项目化教学和技能训练；

（3）任务的设计遵从自顶向下的设计理念，便于读者理解和掌握。

本课程的参考学时为 56～108 学时，各院校可结合专业背景和实训环境对不同设计任务做适当选择，建议讲授 28 学时左右，其余时间为实践教学环节。

本书可作为高等职业本专科院校 EDA 技术和 FPGA 应用开发技术等课程的教材，也可作为开放大学、成人教育、自学考试、中职学校、培训班的教材，以及工程技术人员的参考书。

本书的出版得到了广东省高等教育品牌专业建设项目（2016gzpp126）、广东省教育教学成果奖培育项目（JXCG201518）、全国高等院校电子信息类课程教学资源建设项目（GXH2015-22）、校级精品资源共享课程建设项目（10600-15-010201-0245）和校级教材建设项目"FPGA 应用开发"的资助。

本书由深圳信息职业技术学院贺敬凯高级工程师、哈尔滨职业技术学院王永强副教授编著，陈庶平参加部分章节的排版与校对工作，林静伟参与 MC8051 和贪吃蛇游戏部分代码的撰写和调试工作。本书在编写过程中参考了许多学者的著作和研究成果，在此表示衷心的感谢！

由于时间仓促及作者水平有限，书中难免存在错误和不妥之处，恳请读者批评指正。

为了方便教师教学，本书还配有免费的电子教学课件、源代码、习题集，请有此需要的教师登录华信教育资源网（http://www.hxedu.com.cn）免费注册后再进行下载。扫一扫书中的二维码可直接查看相应内容的教学资源。在有问题时请在网站留言板留言或与电子工业出版社联系（E-mail:hxedu@phei.com.cn）。

编著者

目 录

第 1 章

硬件平台及集成开发环境

 扫一扫看本
课程所有任
务教学课件

 扫一扫看
本章教学
课件

本章首先介绍 FPGA 的工作原理；然后介绍本书所用的开发平台，并重点介绍 FPGA 硬件开发平台的接口：蜂鸣器、LED 灯、按键、数码管、液晶、PS2、VGA 和 SDRAM 等接口的电路连接图及与 FPGA 引脚的对应图；最后介绍 Quartus II 集成开发环境，并重点介绍基于 Quartus II 的数字设计流程，包括设计输入编辑、分析与综合、适配及编程下载几个步骤。

本章的主要教学目标有两个：①了解开发平台的资源；②理解和掌握基于 Quartus II 的数字设计流程。通过达成上述两个目标，为后续 FPGA 应用开发打下坚实的基础。

任务 1　键控 LED 灯亮灭

【任务描述】　通过按键控制 LED 灯的亮灭。

【知识点】　本任务需要学习以下知识点：

（1）FPGA 的工作原理；

（2）FPGA 硬件开发平台和常用接口的电路图及与 FPGA 引脚的对应图；

（3）Quartus II 集成开发环境；

（4）基于 Quartus II 的数字设计流程，包括设计输入编辑、分析与综合、适配及编程下载几个步骤。

扫一扫看键控
LED 灯的亮灭
微视频

扫一扫看键控
LED 灯的亮灭
教学课件

1.1　FPGA 工作原理及开发平台

1.1.1　FPGA 工作原理

FPGA（Field-Programmable Gate Array）即现场可编程门阵列，它是在 PAL、GAL、CPLD

等可编程器件的基础上进一步发展的产物。它是作为专用集成电路（ASIC）领域中的一种半定制电路而出现的，既解决了定制电路的不足，又克服了原有可编程器件门电路数有限的缺点。

以硬件描述语言（Verilog 或 VHDL）所完成的电路设计，可以经过简单的综合与布局，快速地烧录至 FPGA 上进行测试。这些可编辑元件可以被用来实现一些基本的逻辑门电路（比如 AND、OR、XOR、NOT）或者更复杂一些的组合功能，比如解码器或数学方程式。在大多数的 FPGA 里面，这些可编辑的元件里也包含记忆元件如触发器或存储块。

由于 FPGA 需要被反复烧写，它实现组合逻辑的基本结构不可能像 ASIC 那样通过固定的与非门来完成，而只能采用一种易于反复配置的结构。查找表可以很好地满足这一要求，目前主流 FPGA 都采用了基于 SRAM 工艺的查找表结构，也有一些军品和宇航级 FPGA 采用 Flash 或熔丝与反熔丝工艺的查找表结构。通过烧写文件改变查找表内容的方法来实现对 FPGA 的重复配置。

根据数字电路的基本知识可以知道，对于一个 n 输入的逻辑运算，不管是与或非运算还是异或运算等，最多只可能存在 2^n 种结果。所以如果事先将相应的结果存放于一个存储单元，就相当于实现了与非门电路的功能。FPGA 的原理也是如此，它通过烧写文件去配置查找表的内容，从而在相同的电路情况下实现不同的逻辑功能。

查找表（Look-Up-Table）简称为 LUT，LUT 本质上就是一个 RAM。目前 FPGA 中多使用 4 输入的 LUT，所以每一个 LUT 可以看成一个有 4 位地址线的 RAM。当用户通过原理图或 HDL 语言描述一个逻辑电路以后，FPGA 开发软件会自动计算逻辑电路的所有可能结果，并把真值表（即结果）事先写入 RAM，这样，每输入一个信号进行逻辑运算就等于输入一个地址进行查表，找出地址对应的内容，然后输出即可。

下面给出一个 4 与门电路的例子来说明 LUT 实现逻辑功能的原理，表 1-1 为使用 LUT 实现 4 输入与门电路的真值表。

表 1-1　4 输入与门电路的真值表

实际逻辑电路		LUT 的实现方式	
a、b、c、d 输入	逻辑输出	RAM 地址	RAM 中存储的内容
0000	0	0000	0
0001	0	0001	0
...	...	...	...
1111	1	1111	1

从表 1-1 中可以看到，LUT 具有和逻辑电路相同的功能。实际上，LUT 具有更快的执行速度和更大的规模。

由于基于 LUT 的 FPGA 具有很高的集成度，其器件密度从数万门到数千万门不等，可以完成极其复杂的时序逻辑与组合逻辑电路功能，所以适用于高速、高密度的高端数字逻辑电路设计领域。其组成部分主要有可编程输入/输出单元、基本可编程逻辑单元、内嵌 RAM、丰富的布线资源、底层嵌入功能单元、内嵌专用单元等。主要设计和生产厂家有 Altera、Xilinx、Lattice、Actel 和 Atmel 等公司，其中 Altera、Xilinx 两家的 FPGA 芯片在市场上使用较多。

　　系统设计师可以根据需要通过可编辑的连接把 FPGA 内部的逻辑块连接起来，就好像一个电路试验板被放在了一个芯片里。一个出厂后的成品 FPGA 的逻辑块和连接可以按照设计者的设计而改变，所以 FPGA 可以完成所需要的逻辑功能。

　　FPGA 的开发相对于传统 PC、单片机的开发有很大不同。FPGA 以并行运算为主，以硬件描述语言来实现；相比于 PC 或单片机（无论是冯·诺依曼结构还是哈佛结构）的顺序操作有很大区别，也造成了 FPGA 开发入门较难。FPGA 开发需要从顶层设计、模块分层、逻辑实现、软硬件调试等多方面着手。

1.1.2　开发平台与常用接口

　　本书采用的开发平台是一块开发板，如图 1-1 所示，该开发板使用的是 Altera 公司的 FPGA 芯片 EP2C8Q208。

　　关于 Altera FPGA 芯片类型、各种芯片的内部资源，可从 Altera 官网下载相应产品的 datasheet 查询。本书使用 Altera FPGA 芯片 EP2C8Q208C8N，仅就此芯片的内部资源做一简要说明。EP2C8Q208C8N 的内部资源情况如表 1-2 所示。

图 1-1　开发板外观图

表 1-2　EP2C8Q208C8N 的内部资源情况

逻辑资源	8 256
M4K RAM 块（4 Kb+512 校验位）	36
总的 RAM 比特数	165 888
嵌入式乘法器	36
PLL	2

　　该芯片拥有 8 256 个 LE（逻辑单元），片上 RAM 共计 165 888 b，36 个 9×9 硬件乘法器、2 个高性能 PLL 以及多达 138 个用户自定义 I/O。这些内部资源的信息，也可以在使用该芯片的 Quartus II 工程中，通过查看编译结果获得。

　　本开发板外设资源相对较少，但简洁实用，不管从性能上还是从系统灵活性上，无论对于初学者还是资深硬件工程师，都是一款非常好的学习和应用平台。

　　本开发板提供了以下外设资源：

　　（1）4 个按键；

　　（2）6 个 LED；

　　（3）8 个数码管；

　　（4）1 个液晶接口，可接 LCD1602 或 LCD12864；

　　（5）1 个 PS2 接口；

　　（6）1 个 VGA 接口；

（7）1 个蜂鸣器；

（8）1 片 SDRAM；

（9）UART 接口；

（10）1 个单总线接口；

（11）1 个 I^2C 接口；

（12）1 个红外接口；

（13）1 片 Flash。

在开发本教材的过程中，仅使用到了上述资源中前 8 种资源。感兴趣的读者，可以在本教材的基础上，开发一些使用后面 5 种外设资源的应用项目。

下面仅介绍上述资源中前 8 种资源的接口电路。

1）按键

按键是最常用的用户与 FPGA 交互信息的手段之一，通常用于输入信息。

按键的电路连接和引脚对应如图 1-2 所示。当按键没有按下时，通过 FPGA 引脚读取按键的电平值，得到的是高电平。

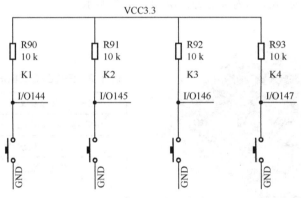

图 1-2　按键接口电路

2）LED

LED 是最常用的用户与 FPGA 交互信息的手段之一，通常用于辅助调试和显示结果。

LED 的电路连接和引脚对应如图 1-3 所示。当与 LED 灯连接的 FPGA 引脚为低电平时，LED 亮。

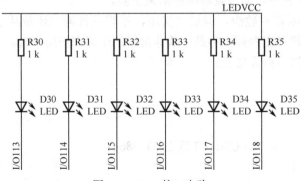

图 1-3　LED 接口电路

3）数码管

数码管是最常用的用户与 FPGA 交互信息的手段之一，通常用于辅助调试和显示结果。数码管的电路连接和引脚对应如图 1-4 所示。

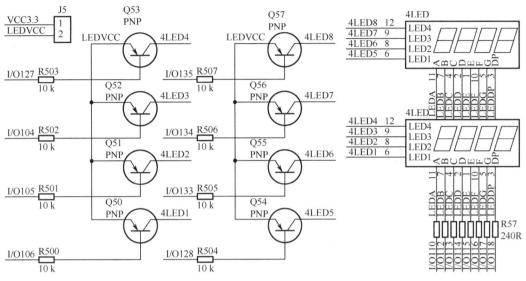

图 1-4 数码管接口电路

4）液晶

液晶是最常用的用户与 FPGA 交互信息的手段之一，通常用于显示结果。液晶的电路连接和引脚对应如图 1-5 所示。

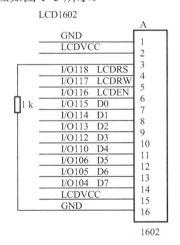

图 1-5 液晶接口电路

5）蜂鸣器

蜂鸣器是最常用的用户与 FPGA 交互信息的手段之一，通常当某条件满足时蜂鸣器即鸣响报警。

蜂鸣器的电路连接和引脚对应如图 1-6 所示。当 BELL 为低电平时，蜂鸣器响。

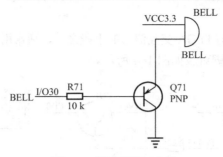

图 1-6　蜂鸣器接口电路

6）PS2 接口

PS2 键盘是最常用的用户与 FPGA 交互信息的手段之一，通常用于输入信息。

PS2 接口的电路连接和引脚对应如图 1-7 所示。

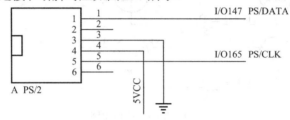

图 1-7　PS2 接口电路

7）VGA 接口

VGA 是最常用的用户与 FPGA 交互信息的手段之一，通常用于显示结果。

VGA 接口的电路连接和引脚对应如图 1-8 所示。

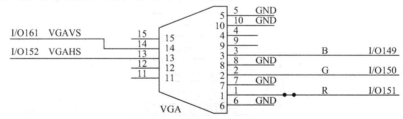

图 1-8　VGA 接口电路

8）SDRAM 接口

SDRAM 即同步动态随机存储器，用于临时存储数据，在单片机应用中常用于存储应用程序或中间结果数据，是常用的器件之一。

开发板上使用的 SDRAM 是 Winbond 公司的产品，型号是 W9825G6EH-75。查找数据手册得知，该 SDRAM 的行地址为 13 位，列地址为 9 位，BANK 为 4 个，数据线为 16 位。

SDRAM 接口的电路连接和引脚对应如图 1-9 所示。

9）时钟源

在电子系统中，时钟相当于心脏，时钟的频率和稳定性直接决定着整个系统的性能，并且为应用系统提供可靠、精确的时序参考。本开发板使用的时钟源频率为 50 MHz。

时钟源的电路连接和引脚对应如图 1-10 所示。

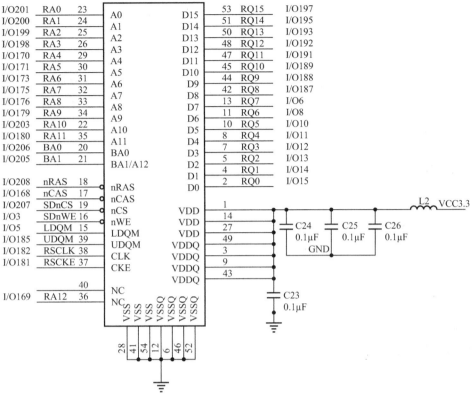

图 1-9　SDRAM 接口电路

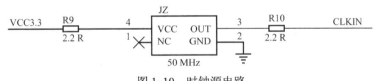

图 1-10　时钟源电路

1.2　基于 Quartus II 的数字设计流程

本节将简单介绍在 Quartus II 11.0 环境下进行 FPGA 开发和应用的基本操作。

Quartus II 是 Altera 提供的 FPGA/CPLD 开发集成环境，图 1-11 是 Quartus II 设计流程。

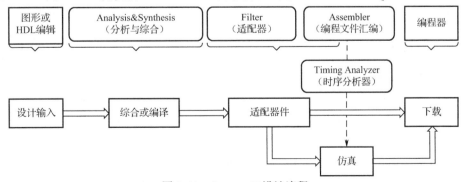

图 1-11　Quartus II 设计流程

下面通过一个设计实例来详细介绍该设计流程，见实例 1-1。

实例 1-1 使用按键控制灯的亮灭的 Verilog 代码。

```verilog
module key_led(key0,led0);
input key0;
output led0;
assign led0=key0;
endmodule
```

扫一扫看按键控制灯亮灭代码

1.2.1 创建源文件

（1）双击桌面上的 Quartus II 图标，打开 Quartus II 软件。也可以通过菜单"开始→程序→Altera→Quartus II 11.0→Quartus II 11.0"打开。

（2）执行菜单命令"File→New"打开新建对话框，在对话框中选择"Verilog HDL File"，如图 1-12 所示。

（3）在文件编辑界面，输入 Verilog HDL 源代码，完成后执行菜单命令"File→Save"，并输入文件名 key_led，如图 1-13 所示。

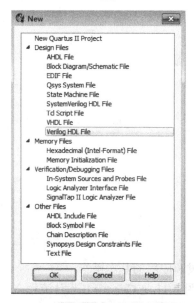

图 1-12　选择编辑文件及其语言类型

图 1-13　输入源程序并存盘

1.2.2 创建工程

创建工程有两种方法：第一种方法是在图 1-13 中最下方选中"Create new project based on this file"，单击图 1-13 中的"保存"按钮后即出现创建工程的其他对话框；第二种方法是利用"New Project Wizard"创建工程。这两种方法创建工程的步骤和涉及的内容是一致的，下面用第二种方法来创建工程。

（1）执行菜单命令"File→New Project Wizard..."创建新工程，如图 1-14 所示。

（2）编辑工程位置、工程名称、顶层模块名称，如图 1-15 所示。

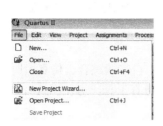

图 1-14　选择创建新工程

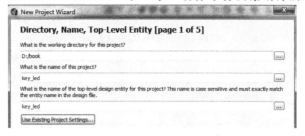

图 1-15　编辑工程位置、工程名称、顶层模块名称

（3）加入 Verilog 源文件，如图 1-16 所示。

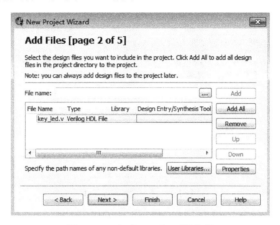

图 1-16　加入 Verilog 源文件

将所有相关的文件都加进此工程，本例只有一个 Verilog 文件 key_led.v，将该文件添加进工程即可。

（4）选择目标 FPGA 器件，界面如图 1-17 所示。

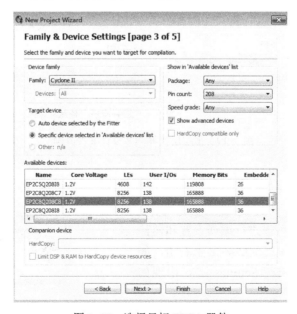

图 1-17　选择目标 FPGA 器件

如果熟悉所用 FPGA 器件的封装类型、引脚数或速度，可以通过直接选择封装类型、引脚数量或速度，来方便快捷地选择 FPGA 器件。

（5）选择第三方的综合工具、仿真工具或时序分析工具。

如图 1-18 所示，均选择默认值，也就是说使用 Quartus II 自带的综合、仿真、时序分析工具。如果要使用第三方工具，比如要使用 ModelSim 作为仿真工具，可在图 1-18 中的"Simulation"选项里进行设置。

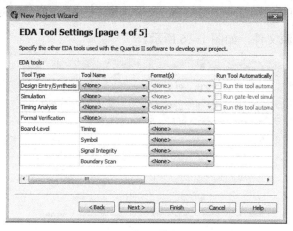

图 1-18　选择第三方工具

（6）单击"Next"按钮后出现项目汇总信息，然后单击"Finish"按钮，至此工程创建完毕。

工程创建完成后，可以通过切换"Project Navigator"对话框下面的选项，查看工程的模块层次信息及工程中的设计文件信息，如图 1-19 所示。在查看设计文件界面时，通过双击文件名 key_led.v，可以在右侧显示该文件的 Verilog 代码，并可以编辑修改该文件。

图 1-19　工程层次界面和设计文件界面

1.2.3　编译设置

1. Settings 设置

在工程层次界面，可以进行编译设置和器件选择。在 Cyclone II：EP2C8Q208C8 上右击，如图 1-20 所示，然后单击"Settings…"，出现如图 1-21 所示的对话框。

上面这个对话框，在设计过程中经常要用

图 1-20　更改工程 Device 和 Settings

图 1-21 Settings 设置对话框

到。比如，在"General"选项卡中，可以随时更改顶层设计文件，这样就可以在同一个工程中对不同层次的文件进行编译、综合、仿真等；在"Simulator"选项卡中，可以选用第三方仿真工具，可以随时更改仿真为功能仿真或时序仿真，也可以随时更改仿真用的仿真向量文件等。对于在最初创建工程过程中的错误设置，后续设计过程中也可以通过这个界面更正过来。

2. Device 设置

在"Device"选项卡中，可以根据目标器件的不同，随时选定或更改目标器件。在图 1-20 中，单击"Device…"，出现如图 1-22 所示的对话框。

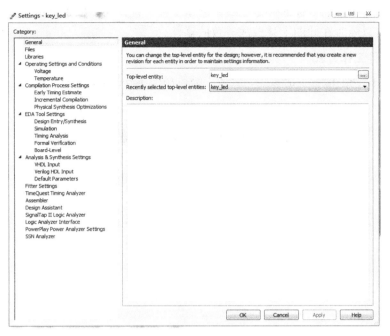

图 1-22 Device 设置对话框

图 1-22 中，显示的目标器件是在最初创建工程时设置的。如果目标器件与开发板上的器件不一致，可以随时在此图上修改成一致的器件。

3. 设置器件工作方式

在图 1-22 中，单击 `Device & Pin Options...` 标签，弹出如图 1-23 所示的对话框。

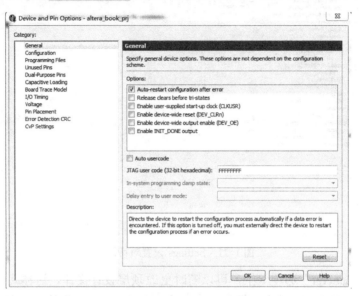

图 1-23　器件和引脚设置界面

4. 选择配置器件和编程方式

单击"Configuration"标签，可设置器件编程方式和配置器件，如图 1-24 所示。

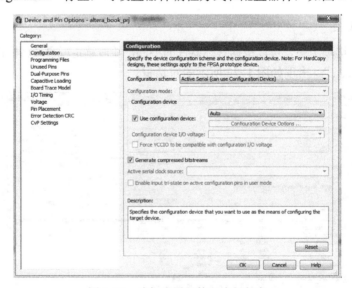

图 1-24　选择配置器件和编程方式

5. 未用引脚设置

单击"Unused Pins"，可对未用的引脚进行设置，设置界面如图 1-25 所示。

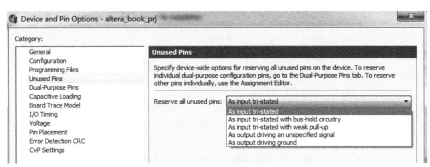

图 1-25　未用引脚设置

一般情况下，要把不用的引脚设置成输入三态"As input tri-stated"。这里，有两个方面的原因：一方面，SRAM 等设备通常为低电平启动，置成高阻态可防止错误地启动类似SRAM 等设备；另一方面，也是为了降低功耗，通常设计中未用引脚较多，而未用引脚默认为输出低电平，这样会形成电流回路，产生较大的功耗。

6. 全程编译

编译整个工程，单击工具栏中的 ▶ 图标，即开始全程编译。

全程编译过程中，如果设计中有错误，则 Quartus II 停止编译并给出错误信息，如图 1-26所示。

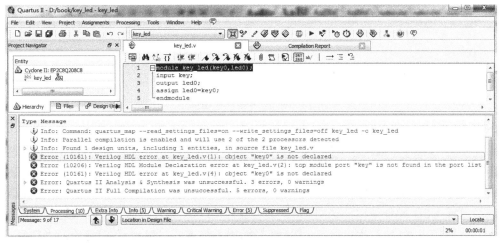

图 1-26　全程编译后出现报错信息

出现报错信息后，找到第一个错误，双击后可将错误定位到源代码中，如图 1-26 所示。从图中可以看出，在提示错误行的一行有一个端口为 key0，而下面的端口声明中写成了 key，因此修改端口声明中的 key 为 key0 即可。通常，源代码中的一个错误可能引发多个报错信息，因此将第一个错误修改完成后，应该再次运行全程编译，这样循序渐进地一个错误一个错误修改，直到出现 0 个 Error 为止。

全程编译成功后，会给出一个编译报告，其中有许多有用的信息，如图 1-27 所示。

图 1-27 中，可以看到目标器件的信息、逻辑单元使用情况、引脚使用情况、存储单元使用情况、锁相环使用情况等。

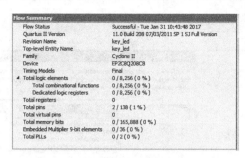

图 1-27　全程编译成功后的汇总信息

1.2.4　引脚锁定和编程下载

执行菜单命令"Assignments→Pin Planner"，弹出如图 1-28 所示的对话框，双击 Location 位置，按图示进行引脚锁定，然后保存。

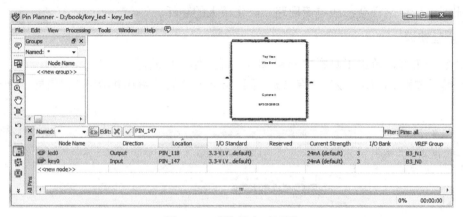

图 1-28　引脚锁定对话框

下面介绍如何把程序下载到硬件上进行测试。

首先安装 USB-Blaster 编程器。将 USB-Blaster 编程器的 USB 口插入 PC，如果是第一次使用 USB-Blaster，则 PC 会弹出提示要求安装驱动程序 FTD2XX.sys。根据提示，将驱动程序路径指定为"C:\altera\11.0\quartus\drivers\usb-blaster"即可正确安装 USB-Blaster 编程器。

然后设置 USB 硬件端口，选用 USB 编程器对 FPGA 编程，操作界面及选项如图 1-29 所示。具体操作步骤分 3 步：第 1 步，选择编程下载方式"Mode"的选项为"JTAG"模式。这种模式可将程序下载至 FPGA 中运行，但断电后下载到 FPGA 中的程序即消失，下次调试程序还需要重新下载。如果要保存下载的程序而不必每次调试都重新下载，则可以选择其他下载模式，将需要下载的程序保存在程序存储器中，每次上电时 FPGA 从程序存储器中取出程序运行。第 2 步，单击左上角的"Hardware Setup…"按钮选择下载电缆，在弹出的对话框中，可以看到"USB-Blaster"，这说明 USB-Blaster 编程器已安装完成。若没有出现"USB-Blaster"，则需要重新安装 USB-Blaste 编程器。第 3 步，双击"USB-Blaster"选项，则在"Currently selected hardware"后面出现 USB-Blaste[USB-0]。单击"Close"按钮退出对话框。完成设置的对话框如图 1-30 所示，此时就可以用 USB 编程器对 FPGA 进行编程了。

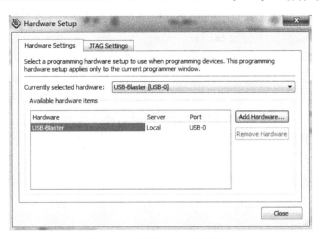

图 1-29　设置 USB 硬件端口

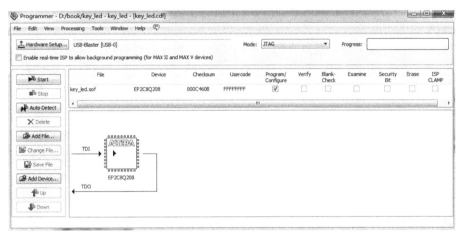

图 1-30　下载界面

在图 1-30 中，单击"Add File…"按钮，弹出如图 1-31 所示的对话框。该对话框中，有两个文件可供下载选择，分别是 key_led.sof 和 key_led.pof。

图 1-31　选择下载文件

key_led.sof 文件常用于程序调试阶段。key_led.sof 文件直接下载至 FPGA 中运行，但断电后该文件即消失，下次调试时还需要重新下载。

key_led.pof 文件常用于程序固化阶段。当代码经调试后完全符合设计者需求时，可以固化程序到 FPGA 的配置存储器 EPCS4 器件中。此时，在图 1-30 中的"Mode"要选择

"Active Serial Programming"选项，同时下载电缆也要从 JTAG 接口换接到 AS 接口，下载后 key_led.pof 就会固化到程序存储器中。

本例选取 key_led.sof 文件作为下载文件，所有准备工作完成后的界面如图 1-30 所示。

在图 1-30 中选中"Program/Configure"选项，然后在 Quartus II 软件界面下选择"Tools→programmer"，或者单击图 1-30 中的"Start"按钮，则程序就下载到 FPGA 中了。程序下载到开发板后，可以观察到 LED 灯随着按键的按下和释放而进行亮灭变化。

需要说明的是，上文介绍了使用 Quartus II 软件的完整数字系统设计流程，包括设计输入编辑、设计分析与综合、适配、仿真及编程下载几个步骤。这些步骤在后续的项目设计过程中都会用到，希望读者熟练掌握。

知识小结

在本章，我们讨论了以下知识点：
- ✓ FPGA 的工作原理。
- ✓ FPGA 硬件开发平台。重点介绍 FPGA 硬件开发平台的接口：蜂鸣器、LED 灯、按键、数码管、液晶、PS2 和 VGA 等接口的电路连接图及与 FPGA 引脚的对应图。
- ✓ Quartus II 集成开发环境。重点介绍基于 Quartus II 的数字设计流程，包括设计输入编辑、分析与综合、适配及编程下载几个步骤。

习题 1

扫一扫看本章习题

1. Quartus II 软件可以支持多种设计文件格式，以下文件格式（　　）的后缀名为 *.v。

    A. Verilog HDL File　　　　　　　　B. EFIF File

    C. AHDL File　　　　　　　　　　　D. VHDL File

2. 编写完文本文件后，在向开发板下载代码前，必须要运行（　　）工具生成 *.sof 文件。

    A. 🔲　　　　　B. ▶　　　　　C. 🖐　　　　　D. 🕐

3. 调试程序的过程中，以下选项可用于设置引脚锁定的是（　　）。

    A. ✏　　　　　B. 🔲　　　　　C. 🖐　　　　　D. 🔽

4. 通常在已知原理图的情况下，最好使用（　　）文件格式建模。

    A. Block Diagram/Schematic File　　　B. VHDL File

    C. EFIF File　　　　　　　　　　　D. Verilog HDL File

5. 在向开发板下载 *.sof 代码时，应该运行（　　）工具。

    A. 🕐　　　　　B. 🖐　　　　　C. ▶　　　　　D. 🔲

6. 调试程序的过程中，以下选项可用于设置或更换器件型号的是（　　）。

    A. ◈　　　　　B. 🔲　　　　　C. 🕐　　　　　D. ✍

7. 在教学中使用的 EP2C8Q208C8 芯片，引脚个数为（　　）。

    A. 208　　　　　B. 80　　　　　C. 144　　　　　D. 40

8. 用于查看设计资源使用情况的工具是（   ）。

A.  Chip Planner (Floorplan and Chip Editor)

B. View Report

C. Technology Map Viewer (Post-Mapping)

D. RTL Viewer

9. 在进行引脚锁定时，可以通过建立脚本文件的形式来对多个引脚统一锁定，脚本文件的文件格式为（   ）。

A. Tcl Script File

B. Verilog HDL File

C. EFIF File

D. State Machine File

10. 用于查看设计的 RTL 视图的工具是（   ）。

A. RTL Viewer

B. View Report

C. State Machine Viewer

D. Technology Map Viewer (Post-Mapping)

第2章

HDL 语言基础

扫一扫看
本章教学
课件

本章重点回顾 HDL 硬件描述语言的语法，包括语言结构、数据类型和运算符、过程描述语句、可综合与不可综合语法、代码书写规范等。

本章的主要教学目标有两个：①对前期学习过的 HDL 语言进行总结和复习，为后续 FPGA 应用开发打下坚实的基础；②理解和掌握可综合和不可综合的语法，并重点掌握可综合的设计原则。

任务2 二选一多路选择器设计

【任务描述】 实现一个二选一选择器。

【知识点】 本任务需要学习以下知识点：

（1）Verilog HDL 基本程序结构；

（2）模块名、端口列表、端口声明等概念。

2.1 Verilog HDL 基本程序结构

用 Verilog HDL 描述的电路就是该电路的 Verilog HDL 模型。Verilog 模块是 Verilog 的基本描述单位。模块描述某个设计的功能或结构以及与其他模块通信的外部接口，一般来说一个文件就是一个模块，但也可以将多个模块放于一个文件中。模块是并行运行的，通常需要一个高层模块通过调用其他模块的实例来定义一个封闭的系统，包括测试数据和硬件描述。

一般的模块结构如下：

```
module <模块名> (<端口列表>)
<说明部分>
<语句>
endmodule
```

其中，说明部分用来指定数据对象为寄存器型、存储器型、线型等，可以分散于模块的任何地方，但是变量、寄存器、线网和参数等的说明必须在使用前出现。语句用于定义设计的功能和结构，可以是 initial 语句、always 语句、连续赋值语句或模块实例。

下面给出一个简单的 Verilog 模块，实现一个二选一选择器。

实例 2-1　二选一选择器（见图 2-1）。

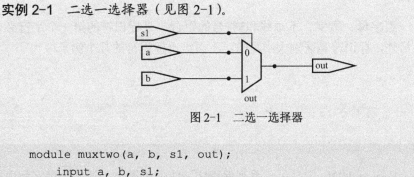

图 2-1　二选一选择器

```
module muxtwo(a, b, s1, out);
    input a, b, s1;
    output out;
    reg out;
    always @ (s1 or a or b)
        if (!s1) out = a;
        else out = b;
endmodule
```

扫一扫看
二选一选
择器代码

模块的名字是 muxtwo，模块有 4 个端口：3 个输入端口 a、b 和 s1，一个输出端口 out。由于没有定义端口的位数，所有端口大小都默认为 1 位；由于没有定义端口 a、b、s1 的数据类型，这 3 个端口都默认为线网型数据类型。输出端口 out 定义为 reg 类型。如果没有明确说明，则端口都是线网型的，且输入端口只能是线网型的。

这里特别指出，模块端口是指模块与外界交互信息的接口，包括 3 种类型：

（1）input：模块从外界读取数据的接口，在模块内不可写。

（2）output：模块往外界送出数据的接口，在模块内不可读。

（3）inout：可读取数据也可以送出数据，数据可双向流动。

这 3 种端口类型在实际项目设计中都会应用到，请读者留意其使用方法，尤其是 inout 端口的使用方法。

任务 3　设计 3 位移位寄存器

【任务描述】　通过过程赋值语句实现 3 位移位寄存器。

【知识点】　本任务需要学习以下知识点：

（1）Verilog HDL 语言的数据类型和运算符；

（2）过程赋值语句，包括阻塞赋值语句和非阻塞赋值语句；

（3）使用阻塞赋值语句和非阻塞赋值语句的一般方法。

对时序逻辑描述和建模，应尽量使用非阻塞赋值方式；对组合逻辑描述和建模，既可以用阻塞赋值，也可以用非阻塞赋值。但在同一个过程块中，最好不要同时用阻塞赋值和非阻塞赋值。而对同一个赋值对象不能既使用阻塞赋值，又使用非阻塞赋值。

2.2 Verilog HDL 语言的数据类型和运算符

2.2.1 标识符

标识符可以是一组字母、数字、下画线和$符号的组合，且标识符的第一个字符必须是字母或者下画线。另外，标识符是区别大小写的。下面给出标识符的几个例子：

```
traffic_state
_rst
clk_10 kHz
MODULE
P_1_02
```

需要注意的是，Verilog HDL 定义了一系列保留字，叫作关键字。通常关键字都由小写字母构成，因此在实际应用中，建议将不确定是否是保留字的标识符首字母大写。例如，标识符 if（关键字）与标识符 If 是不同的。

2.2.2 数据类型

数据类型用来表示数字电路硬件中的数据存储和传送元素。Verilog HDL 中总共有约 20 种数据类型，本节只介绍 3 种常用的数据类型：wire 型、reg 型和 memory 型，其他类型将在后续章节用到的时候再做介绍。

1. wire 型

wire 型数据常用来表示以 assign 关键字指定的组合逻辑信号。Verilog 程序模块中输入、输出信号类型默认为 wire 型。wire 型信号可以用作方程式的输入，也可以用作"assign"语句或者实例元件的输出。

wire 型信号的定义格式如下：

```
wire [n-1:0] 数据名 1, 数据名 2, ……, 数据名 N;
```

这里，总共定义了 N 个变量，每个变量的位宽为 n。下面给出几个例子：

```
wire [7:0] a, b, c;      // a, b, c 都是位宽为 8 的 wire 型信号
wire d;                  // d 是位宽为 1 的 wire 型信号
```

2. reg 型

reg 是寄存器数据类型的关键字。寄存器是数据存储单元的抽象，通过赋值语句可以改

变寄存器存储的值，其作用相当于改变触发器存储器的值。reg 型数据常用来表示 always 模块内的指定信号，代表触发器。通常在设计中要由 always 模块通过使用行为描述语句来表达逻辑关系。在 always 块内被赋值的每一个信号都必须定义为 reg 型，即赋值操作符的右端变量必须是 reg 型。

reg 型信号的定义格式如下：

```
reg [n-1:0] 数据名 1，数据名 2，……，数据名 N；
```

这里，总共定义了 N 个寄存器变量，每个变量的位宽为 n。下面给出几个例子：

```
reg [7:0] a, b, c;          // a, b, c 都是位宽为 8 的 reg 型信号
reg d;                       // d 是位宽为 1 的 reg 型信号
```

reg 型数据的默认值是未知的。当一个 reg 型数据是一个表达式中的操作数时，它的值被当作无符号值，即正值。如果一个 4 位的 reg 型数据被写入-1，在表达式中运算时，其值被认为是+15。

reg 型和 wire 型的区别在于：reg 型保持最后一次的赋值，而 wire 型则需要持续的驱动。

3. memory 型

Verilog 通过对 reg 型变量建立数组来对存储器建模，可以描述 RAM、ROM 和寄存器数组。数组中的每一个单元通过一个整数索引进行寻址。memory 型通过扩展 reg 型数据的地址范围来达到二维数组的效果，其定义的格式如下：

```
reg [n-1:0] 存储器名 [m-1:0];
```

其中，reg [n-1:0]定义了存储器中每一个存储单元的大小，即该存储器单元是一个 n 位位宽的寄存器；存储器后面的[m-1:0]则定义了存储器的大小，即该存储器中有 m 个这样的寄存器。例如：

```
reg [15:0] ROMA [1023:0];
```

这个例子定义了一个存储位宽为 16 位，存储深度为 1 024 的一个存储器。该存储器的地址范围是 0～1 023。

需要注意的是：对存储器进行地址索引的表达式必须是常数表达式。

尽管 memory 型和 reg 型数据的定义比较接近，但二者还是有很大区别的。例如，一个由 n 个 1 位寄存器构成的存储器是不同于一个 n 位寄存器的。

```
reg [n-1 : 0] rega;          // 一个 n 位寄存器
reg memb [n-1 : 0];          // 一个由 n 个 1 位寄存器构成的存储器
```

一个 n 位寄存器可以在一条赋值语句中直接进行赋值，而一个完整的存储器则不行。

```
rega = 0;                    // 合法赋值
memb = 0;                    // 非法赋值
```

如果要对 memory 型存储单元进行读写，则必须指定地址。例如：

```
memb[0] = 1;                // 将 memb 中的第 0 个单元赋值为 1
reg [3:0] ROMB [1:4];       //将 ROMB 中的 4 个单元分别进行赋值
ROMB[1] = 4'h0;
ROMB[2] = 4'h7;
ROMB[3] = 4'ha;
ROMB[4] = 4'hf;
```

2.2.3 常量

Verilog HDL 有下列 4 种基本的数值:

0: 逻辑 0 或"假"
1: 逻辑 1 或"真"
x: 未知
z: 高阻

其中 x、z 是不区分大小写的。Verilog HDL 中的数字由这 4 种基本数值表示。

Verilog HDL 中的常量分为 3 类: 整数型、实数型及字符串型。下画线符号"_"可以随意用在整数和实数中,没有实际意义,只是为了提高可读性。例如,56 等效于 5_6。通常用 parameter 来定义常量。

1. 整数

整数型可以按如下两种方式书写: 简单的十进制数格式及基数格式。

简单的十进制数格式的整数定义为带有一个"+"或"-"操作符的数字序列。下面是这种简易十进制形式整数的例子。

```
100   十进制数 100
-100  十进制数-100
```

简单的十进制数格式的整数值代表一个有符号的数,其中负数可使用补码形式表示。例如,32 在 6 位二进制形式中表示为 100000,在 7 位二进制形式中表示为 0100000,这里最高位 0 表示符号位;-15 在 5 位二进制中的形式为 10001,最高位 1 表示符号位,在 6 位二进制中的形式为 110001,最高位 1 为符号扩展位。

基数格式的整数格式为:

[长度] '基数 数值

长度是常量的位宽,基数可以是二进制、八进制、十进制、十六进制之一。数值是基于基数的数字序列,且数值不能为负数。下面是一些具体实例:

```
6'b001001          //6 位二进制数 9
10'o0011           //10 位八进制数 9
16'd9              //16 位十进制数 9
```

2. 实数

实数可以用两种形式定义: 十进制计数法和科学计数法。

十进制计数法的例子：

```
3.0
1234.567
```

科学计数法的例子：

```
345.12e2 其值为 34512
9E-3 其值为 0.009
```

实数的科学计数法中，e 与 E 相同，实数通常用于仿真。

3. 字符串

字符串是双引号内的字符序列。字符串不能分成多行书写。例如：

```
"counter"
```

用 8 位 ASCII 值表示的字符可看作是无符号整数，因此字符串是 8 位 ASCII 值的序列。为存储字符串"counter"，变量需要 56 位。

```
reg [1: 8*7] Char;
Char = "counter";
```

4. parameter 型

在 Verilog HDL 中用 parameter 来定义常量，即用 parameter 来定义一个标识符表示一个常数。采用该类型可以提高程序的可读性和可维护性。

parameter 型信号的定义格式如下：

```
parameter 参数名 1 = 数据名 1;
```

下面给出一些例子：

```
parameter s1 = 0;
parameter S0=2'b00, S1=2'b01, S2=2'b10, S3=2'b11;
```

2.2.4　运算符和表达式

在 Verilog HDL 语言中运算符所带的操作数是不同的，按其所带操作数的个数可以分为 3 种：

（1）单目运算符：带 1 个操作数，且放在运算符的右边。

（2）双目运算符：带两个操作数，且放在运算符的两边。

（3）三目运算符：带 3 个操作数，且被运算符间隔开。

Verilog HDL 语言参考了 C 语言中大多数算符的语法和句义，运算范围很广，其运算符按其功能分为下列 9 类。

1. 基本算术运算符

在 Verilog HDL 中，算术运算符又称为二进制运算符，有下列 5 种：

（1）+ 加法运算符或正值运算符，如 s1+s2、+5。

（2）- 减法运算符或负值运算符，如 s1-s2、-5。

（3）* 乘法运算符，如 s1*5。

（4）/ 除法运算符，如 s1/8。

（5）% 模运算符，如 s1%8。

在进行整数除法时，结果值要略去小数部分。在取模运算时，结果的符号位和模运算第一个操作数的符号位保持一致。例如：

运算表达式	结果	说明
12.5/3	4	结果为 4，小数部分省去
12%4	0	整除，余数为 0
-15%2	-1	结果取第一个数的符号，所以余数为-1
13%-3	1	结果取第一个数的符号，所以余数为 1

注意：在进行基本算术运算时，如果某一操作数有不确定的值 X，则运算结果也是不确定值 X。

2. 赋值运算符

赋值运算分为连续赋值和过程赋值两种。

连续赋值语句只能用来对线网型变量进行赋值，而不能对寄存器变量进行赋值，其基本的语法格式为：

```
线网型变量类型 [线网型变量位宽] 线网型变量名；
assign #(延时量) 线网型变量名 = 赋值表达式；
```

例如：

```
wire a,b,c;
assign a = 1'b1;
assign a = b+c;
```

一个线网型变量一旦被连续赋值语句赋值之后，赋值语句右端赋值表达式的值将持续对被赋值变量产生连续驱动。只要右端表达式任一个操作数的值发生变化，就会立即触发对被赋值变量的更新操作。

在实际使用中，连续赋值语句有下列几种应用：

（1）对标量线网型赋值。

```
wire a, b;
assign a = b;
```

（2）对矢量线网型赋值。

```
wire [7:0] a, b;
assign a = b;
```

（3）对矢量线网型中的某一位赋值。

```
wire [7:0] a, b;
assign a[3] = b[1];
```

（4）对矢量线网型中的某几位赋值。

```
wire [7:0] a, b;
assign a[3:0] = b[7:4];
```

（5）对任意拼接的线网型赋值。

```
wire a, b;
wire [1:0] c;
assign c ={a ,b};
```

过程赋值主要用于两种结构化模块（initial 模块和 always 模块）中的赋值语句。在过程模块中只能使用过程赋值语句，不能在过程模块中出现连续赋值语句，同时过程赋值语句也只能用在过程赋值模块中。

过程赋值语句的基本格式为：

<被赋值变量><赋值操作符><赋值表达式>

其中，<赋值操作符>是 "=" 或 "<="，它分别代表了阻塞赋值和非阻塞赋值类型。

下面通过 5 个例题来说明两种赋值方式的不同。这 5 个例题的设计目标都是实现 3 位移位寄存器，它们分别采用了阻塞赋值方式和非阻塞赋值方式。

实例 2-2　阻塞赋值方式描述的移位寄存器 1。

```
module block1(Q0,Q1,Q2,D,clk);
output Q0,Q1,Q2;
input clk,D;
reg Q0,Q1,Q2;
always @(posedge clk)
  begin
    Q2=Q1;          //注意赋值语句的顺序
    Q1=Q0;
    Q0=D;
  end
endmodule
```

扫一扫看
移位寄存
器代码

综合结果如图 2-2 所示。

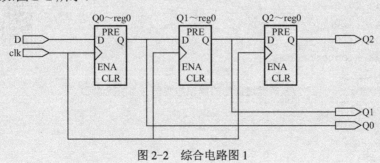

图 2-2　综合电路图 1

实例 2-3　阻塞赋值方式描述的移位寄存器 2。

```
module block2(Q0,Q1,Q2,D,clk);
output Q0,Q1,Q2;
input clk,D;
reg Q0,Q1,Q2;
always @(posedge clk)
  begin
    Q1=Q0;          //该句与下句的顺序与实例 2-2 颠倒
    Q2=Q1;
    Q0=D;
  end
endmodule
```

扫一扫看
移位寄存
器代码

综合结果如图 2-3 所示。

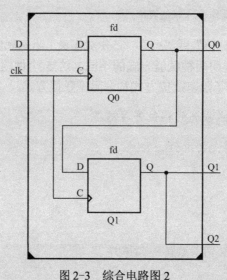

图 2-3　综合电路图 2

实例 2-4　阻塞赋值方式描述的移位寄存器 3。

```
module block3(Q0,Q1,Q2,D,clk);
output Q0,Q1,Q2;
input clk,D;
reg Q0,Q1,Q2;
always @(posedge clk)
  begin
    Q0=D;           //3 条赋值语句的顺序与实例 2-2 完全颠倒
    Q1=Q0;
    Q2=Q1;
  end
endmodule
```

扫一扫看
移位寄存
器代码

综合结果如图 2-4 所示。

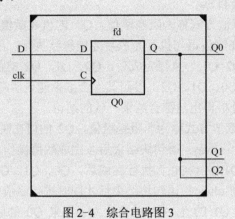

图 2-4　综合电路图 3

实例 2-5　非阻塞赋值方式描述的移位寄存器 1。

```
module non_block1(Q0,Q1,Q2,D,clk);
output Q0,Q1,Q2;
input clk,D;
reg Q0,Q1,Q2;
always @(posedge clk)
  begin
    Q1<=Q0;
    Q2<=Q1;
    Q0<=D;
  end
endmodule
```

实例 2-6　非阻塞赋值方式描述的移位寄存器 2。

```
module non_block2(Q0,Q1,Q2,D,clk);
output Q0,Q1,Q2;
input clk,D;
reg Q0,Q1,Q2;
always @(posedge clk)
  begin
    Q0<=D;          //3 条赋值语句的顺序与实例 2-5 完全颠倒
    Q2<=Q1;
    Q1<=Q0;
  end
endmodule
```

实例 2-5 和实例 2-6 综合结果是一样的，并且与实例 2-2 的综合结果也一样，如图 2-2 所示。

实例 2-2～实例 2-6 的程序说明：

（1）5 个实例的设计目标均是实现 3 位移位寄存器，但从综合结果可以看出实例 2-3 和实例 2-4 没有最终实现设计目标。

（2）"Q2=Q1;"这种赋值方式称为阻塞赋值，Q2 的值在赋值语句执行完成后立刻就改变，而且随后的语句必须在赋值语句执行完成后才能继续执行。所以对于实例 2-4 中的 3 条语句"Q0=D; Q1=Q0; Q2=Q1;"执行完成后，Q0、Q1、Q2 的值都变化为 D 的值，也就是说，D 的值同时赋给了 Q0、Q1、Q2，参照其综合结果能更清晰地看到这一点。实例 2-2 和实例 2-3 可通过同样的分析得出与综合结果一致的结论。

（3）"Q2<=Q1;"这种赋值方式称为非阻塞赋值，Q2 的值在赋值语句执行完成后并不会立刻就改变，而是等到整个 always 语句块结束后才完成赋值操作。所以对于实例 2-6 中的 3 条语句"Q0<=D; Q2<=Q1;Q1<=Q0;"执行完成后，Q0、Q1、Q2 的值并没有立刻更新，而是保持了原来的值，直到 always 语句块结束后才同时进行赋值，因此 Q0 的值变为了 D 的值，Q2 的值变为了原来 Q1 的值，Q1 的值变为了原来 Q0 的值（而不是刚刚更新的 Q0 的值 D），参照其综合结果能更清晰地看到这一点。实例 2-5 可通过同样的分析得出与综合结果一致的结论。

（4）前 3 个实例采用的是阻塞赋值方式，可以看出阻塞赋值语句在 always 语句块中的位置对其结果有影响；后两个例题采用的是非阻塞赋值方式，可以看出非阻塞赋值语句在 always 语句块中的位置对其结果没有影响。因此，在使用赋值语句时要注意两者的区别与联系。

过程赋值语句只能对寄存器类型的变量（reg、integer、real 和 time）进行操作，经过赋值后，上面这些变量的取值将保持不变，直到另一条赋值语句对变量重新赋值为止。过程赋值操作的具体目标可以是：

（1）reg、integer、real 和 time 型变量（矢量和标量）；

（2）上述变量的一位或几位；

（3）上述变量用 {} 操作符所组成的矢量；

（4）存储器类型，只能对指定地址单元的整个字进行赋值，不能对其中某些位单独赋值。

3. 关系运算符

关系运算符总共有以下 8 种：

（1）> 大于；

（2）>= 大于等于；

（3）< 小于；

（4）<= 小于等于；

（5）== 逻辑相等；

（6）!= 逻辑不相等；

（7）=== 全等；

（8）!== 不全等。

在进行关系运算时，如果操作数之间的关系成立，返回值为 1；若关系不成立，则返回值为 0；若某一个操作数的值不定，则关系是模糊的，返回的是不定值 X。

算子"==="和"!=="可以比较含有 X 和 Z 的操作数,在模块的功能仿真中有着广泛的应用。所有的关系运算符有着相同优先级,但低于算术运算符的优先级。

4. 逻辑运算符

Verilog HDL 中有 3 类逻辑运算符:

(1)&&逻辑与;

(2)||逻辑或;

(3)!逻辑非。

其中,"&&"和"||"是二目运算符,要求有两个操作数;而"!"是单目运算符,只要求一个操作数。"&&"和"||"的优先级高于算术运算符。逻辑运算符的真值表如表 2-1 所示。

表 2-1 逻辑运算符的真值表

a	b	!a	!b	a&&b	a||b
1	1	0	0	1	1
1	0	0	1	0	1
0	1	1	0	0	1
0	0	1	1	0	0

5. 条件运算符

条件运算符的格式如下:

```
y = x ? a : b;
```

条件运算符有 3 个操作数,若第一个操作数 y=x 是真,则表达式返回第二个操作数 a,否则返回第三个操作数 b。例如:

```
wire y;
assign y = (s1 == 1) ? a : b;
```

嵌套的条件运算符可以实现多路选择。例如:

```
wire [1:0] s;
assign s = (a >=2) ? 1 : ((a < 0) ? 2: 0);        //当 a>=2 时, s=1;当
a<0 时, s=2;其余情况, s=0。
```

6. 位运算符

作为一种针对数字电路的硬件描述语言,Verilog HDL 用位运算来描述电路信号中的与、或及非操作,总共有 7 种位运算符:

(1)~非;

(2)&与;

(3)|或;

(4)^异或;

(5)^~同或;

（6）~& 与非；

（7）~| 或非。

位运算符中除了 "~" 外，都是二目运算符。位运算对其自变量的每一位进行操作，例如，s1&s2 的含义就是 s1 和 s2 的对应位相与。如果两个操作数的长度不相等，将会对较短的数高位补零，然后进行对应位运算，使输出结果的长度与位宽较长的操作数长度保持一致。例如：

```
reg [3:0] s1,v1,v2,var;
s1 = ~s1;
var =v1 & v2;
```

7. 移位运算符

移位运算符只有两种："<<"（左移）和 ">>"（右移），左移一位相当于乘 2，右移一位相当于除 2。其使用格式为：

```
s1 << N; 或 s1 >>N
```

其含义是将第一个操作数 s1 向左（右）移位，所移动的位数由第二个操作数 N 来决定，且都用 0 来填补移出的空位。

在实际运算中，经常通过不同移位数的组合来计算简单的乘法和除法。例如，s1*21，因为 21=16+4+1，所以可以通过 s1<<4+s1<<2+s1 来实现；s1/8，可以通过 s1>>3 来实现。

8. 拼接运算符

拼接运算符可以将两个或更多个信号的某些位拼接起来进行运算操作。其使用格式为：

```
{s1, s2, …, sn}
```

将某些信号的某些位详细地列出来，中间用逗号隔开，最后用一个大括号表示一个整体信号。

在工程实际中，拼接运算得到了广泛应用，特别是在描述移位寄存器时。例如：

```
reg [15:0] shiftreg;
always @( posedge clk)
    shiftreg [15:0] <= {shiftreg [14:0], data_in};
```

9. 一元约简运算符

一元约简运算符是单目运算符，其运算规则类似于位运算符中的与、或、非，但其运算过程不同。约简运算符对单个操作数进行运算，最后返回一位数，其运算过程为：首先将操作数的第一位和第二位进行与、或、非运算；然后将运算结果和第三位进行与、或、非运算；依次类推直至最后一位。

常用的约简运算符的关键字和位操作符关键字一样，仅仅由单目运算和双目运算来区别。例如：

```
reg [3:0] s1;
reg s2;
s2 = &s1;          //&即为一元约简运算符 "与"
```

10. 各种运算符的优先级别

如果不使用小括号将表达式的各个部分分开，则 Verilog 将根据运算符之间的优先级对表达式进行计算。图 2-5 列出了常用的几种运算符的优先级别。

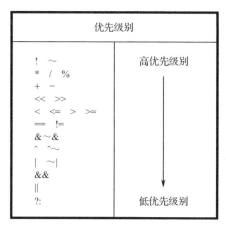

图 2-5 运算符的优先级别

对于初学者来说，往往记不清楚运算符的执行优先级别顺序，因此在实际应用过程中，建议读者使用小括号将表达式的各个部分分开，括号内的运算优先执行。

任务 4 设计 1 位全加器

【任务描述】 使用 Verilog HDL 语言设计 1 位全加器。

【知识点】 本任务需要学习以下知识点：

（1）Verilog HDL 代码设计中常用 3 类描述语句：结构描述、数据流描述和行为描述；

（2）行为描述形式主要用于时序逻辑功能的实现，当然也可以用于实现组合逻辑，是主要的电路建模形式；

（3）可综合与不可综合语法；

（4）可综合的语法可应用于电路的设计，不可综合的语法常用于仿真；

（5）Verilog 代码书写规范。

2.3 Verilog HDL 语言的描述语句

Verilog HDL 代码设计中常用 3 类描述语句：结构描述、数据流描述和行为描述，下面分别进行说明。

2.3.1 结构描述形式

通过实例进行描述的方法，将 Verilog HDL 预先定义的基本单元实例嵌入到代码中。Verilog HDL 中定义了 20 多个有关门级的关键字，比较常用的有 8 个。在实际工程中，简单的逻辑电路由逻辑门和开关组成，通过门原语可以直观地描述其结构。

基本的门类型关键字如下所述：

（1）and；

（2）nand；

（3）nor；

（4）or；

（5）xor；

（6）xnor；

（7）buf；

（8）not。

Verilog HDL 支持的基本逻辑部件是由该基本逻辑器件的原语提供的。其调用格式为：

门类型 <实例名> （输出，输入 1，输入 2，……，输入 N）

例如，nand na01(na_out, a, b, c);表示一个名字为 na01 的与非门，输出为 na_out，输入为 a、b、c。

实例 2-7 *使用结构描述形式的全加器。*

```
module ADD(A, B, Cin, Sum, Cout);
    input A, B, Cin;
    output Sum, Cout;
    // 声明变量
    wire S1, C1, C2, C3;
    xor Xor1 (S1, A, B),
        Xor2 (Sum, S1, Cin);
    and And1 (C3, A, B),
        And2 (C2, B, Cin),
        And3 (C1, A, Cin);
    or Or1 (Cout, C1, C2, C3);
endmodule
```

扫一扫看全
加器代码

在这一实例中，模块包含门的实例语句，也就是包含内置门 xor、and 和 or 的实例语句。门实例由线网型变量 S1、C1、C2 和 C3 互连。由于未指定顺序，门实例语句可以以任何顺序出现。

门级描述本质上也是一种结构网表。在实际应用中的使用方式为：先使用门逻辑构成常用的触发器、选择器、加法器等模块，再利用已经设计的模块构成更高一层的模块，依次重复几次，便可以构成一些结构复杂的电路。其缺点是：不易管理，难度较大且需要一定的资源积累。

2.3.2 数据流描述形式

数据流描述一般都采用 assign 连续赋值语句来实现，主要用于实现组合功能。连续赋值语句右边所有的变量受持续监控，只要这些变量有一个发生变化，整个表达式都将被重新赋值给左端。

实例 2-8　使用数据流描述形式的全加器。

```
module ADD(A, B, Cin, Sum, Cout);
    input A, B, Cin;
    output Sum, Cout;
    assign {Cout,Sum} = A+B+Cin;
endmodule
```

扫一扫看
全加器代
码

在上述模块中，只要 A、B、Cin 的值发生变化，Cout、Sum 就会被重新赋值。

2.3.3　行为描述形式

结构描述和数据流描述的设计通常都可以使用行为描述来实现，使用行为描述形式的全加器如实例 2-9 所示。

实例 2-9　使用行为描述形式的全加器。

```
module ADD(A, B, Cin, Sum, Cout);
    input A, B, Cin;
    output Sum, Cout;
    reg Sum, Cout;
    always@( A, B, Cin)
        {Cout,Sum} = A+B+Cin;
endmodule
```

扫一扫看
全加器代
码

实例 2-7～实例 2-9 三者完成的功能完全一致。

行为描述形式主要用于时序逻辑功能的实现。下面对最常用的 always 模块再做些说明。

一个程序可以有多个 always 模块，这些 always 模块都是同时并行执行的。

always 模块是一直重复执行的，并且可被综合。always 过程块由 always 过程语句和语句块组成，其格式为：

```
always @ (敏感事件列表) begin
    块内变量说明
    时序控制 1 行为语句 1；
    …
    时序控制 n 行为语句 n；
end
```

其中，begin…end 块中的语句是串行执行的，当块内只有一条语句且不需要定义局部变量时，可以省略 begin…end。

敏感事件列表是可选项，但在实际工程中却很常用，而且是比较容易出错的地方。敏感事件列表的目的就是触发 always 模块的运行。

敏感事件表由一个或多个事件表达式构成，事件表达式就是模块启动的条件。当存在多个事件表达式时，要使用关键词 or 将多个触发条件结合起来。Verilog HDL 的语法规定：对于这些表达式所代表的多个触发条件，只要有一个成立，就可以启动块内语句的执行。例如，在语句

```
always@ (a or b or c) begin
    …
end
```

中，always 过程块的多个事件表达式所代表的触发条件是：只要 a、b、c 信号的电平有任意一个发生变化，begin…end 语句就会被触发。

敏感事件分为两种：边沿触发事件和电平触发事件。

边沿触发事件是指指定信号的边沿信号跳变时发生指定的行为，分为信号的上升沿和下降沿控制。上升沿用 posedge 关键字描述，下降沿用 negedge 关键字描述。边沿触发的语法格式为：

第一种：@(<边沿触发事件>) 行为语句；

第二种：@(<边沿触发事件 1> or <边沿触发事件 2> or …… or <边沿触发事件 n>) 行为语句。

实例 2-10　边沿触发事件计数器。

```
reg [3:0] cnt;
always @(posedge clk)  begin
    if (reset)  cnt <= 0;
    else  cnt <= cnt +1;
end
```

扫一扫看计数器代码

这个例子表明：只要 clk 信号有上升沿，那么 cnt 信号就会加 1，完成计数的功能。这种边沿计数器在同步分频电路中有着广泛的应用。

电平敏感事件是指指定信号的电平发生变化时发生指定的行为。下面是电平触发的语法和实例：

第一种：@(<电平触发事件>) 行为语句；

第二种：@(<电平触发事件 1> or <电平触发事件 2> or …… or <电平触发事件 n>) 行为语句。

实例 2-11　电平触发计数器。

```
reg [3:0] cnt;
always @(clk) begin
    if (reset)  cnt <= 0;
    else  cnt <= cnt +1;
end
```

扫一扫看计数器代码

这个例子表明：只要 clk 信号的电平有变化，包括上升沿和下降沿这两种情况，信号 cnt 的值就会加 1，这可以用于记录 clk 变化的次数。注意与实例 2-10 的区别，实例 2-11 的计数值应该比实例 2-10 的计数值多 1 倍。

always 模块主要是对硬件功能的行为进行描述，可以实现锁存器和触发器，也可以用来实现组合逻辑。利用 always 实现组合逻辑时，要将所有的信号放进敏感信号列表，而实现时序逻辑时却不一定要将所有的结果放进敏感信号列表。敏感信号列表未包含所有输入的情况称为不完整事件说明，有时可能会引起综合器的误解，产生许多意想不到的结果。

实例 2-12　给出敏感事件未包含所有输入信号的情况。

```
module and3(f, a, b, c);
    input a, b, c;
    output f;
    reg f;
    always @(a or b )begin
    f = a & b & c;
    end
endmodule
```

扫一扫看不完整事件说明代码

其中，由于 c 不在敏感变量列表中，所以当 c 值变化时，不会重新计算 f 值。所以上面的程序并不能实现 3 输入的与门功能行为。正确的 3 输入与门应当采用下面的表述形式。

```
module and3(f, a, b, c);
    input a, b, c;
    output f;
    reg f;
    always @(a or b or c )begin
        f = a & b & c;
    end
endmodule
```

上面介绍了 Verilog HDL 代码设计中常用的 3 类描述语句。需要说明的是，在实际应用中，结构描述、数据流描述和行为描述可以自由混合。也就是说，模块描述中可以包括实例化的门、模块实例化语句、连续赋值语句及行为描述语句的混合。在后续章节的实例中，经常会出现混合建模的情况。

2.4　可综合与不可综合语法结构

Verilog 硬件描述语言有很完整的语法结构和系统，类似高级语言，这些语法结构的应用给设计描述带来很大的方便。但是，Verilog 是描述硬件电路的，它是建立在硬件电路的基础上的。有些语法结构是不能与实际硬件电路对应起来的，也就是说在把一个语言描述的程序映射成实际硬件电路中的结构时是不能实现的。可综合与不可综合的语法结构见表 2-2。

表 2-2　可综合与不可综合的语法结构

所有综合工具都支持的结构	所有综合工具都不支持的结构	有些工具支持，有些工具不支持的结构
Always、assign、begin、end、case、wire、tri、supply0、supply1、reg、integer、default、for、function、and、nand、or、nor、xor、xnor、buf、not、bufif0、bufif1、notif0、notif1、if、inout、input、module、negedge、posedge、output、parameter、运算符、模块实例化	time、defparam、fork、join、initial、wait、延时（delay）、用户自定义原语（UDP）、系统函数（如$finish）	and、wor、trior、real、disable、forever、repeat、task、while、数组（memory、array）

为了保证 Verilog HDL 代码的可综合性和可移植性，在建模时建议遵循以下几点原则：

（1）编写代码时，尽可能使用表 2-2 中第一列"所有综合工具都支持的结构"；尽可能避免使用表 2-2 中第三列"有些工具支持，有些工具不支持的结构"；绝对不使用表 2-2 中第二列"所有综合工具都不支持的结构"。

（2）尽量使用同步方式设计电路。

（3）所有的内部寄存器都应该能够被复位，在使用 FPGA 实现设计时，应尽量使用器件的全局复位端作为系统总的复位。

（4）用 always 过程块描述组合逻辑，应在敏感信号列表中列出所有的输入信号。

（5）对时序逻辑描述和建模，应尽量使用非阻塞赋值方式。对组合逻辑描述和建模，既可以用阻塞赋值，也可以用非阻塞赋值。但在同一个过程块中，最好不要同时用阻塞赋值和非阻塞赋值。而对同一个赋值对象不能既使用阻塞赋值，又使用非阻塞赋值。

（6）不能在一个以上的 always 过程块中对同一个变量赋值。

（7）同一个变量的赋值不能受多个时钟控制，也不能受两种不同的时钟条件（或者不同的时钟沿）控制。

（8）避免混合使用上升沿和下降沿触发的触发器。

（9）除非是关键路径的设计，一般不采用调用门级元件来描述设计的方法，建议采用行为语句来完成设计。

（10）如果不打算把变量综合成锁存器，那么必须在 if 语句或 case 语句的所有条件分支中都对变量明确地赋值。

（11）避免在 case 语句的分支项中使用 x 值或 z 值。

（12）在条件表达式中尽量避免变量和 X（或 Z）进行比较，也就是说在条件表达式中变量尽量只与 0（或 1）进行比较。

（13）不使用循环次数不确定的循环语句，如 forever、while 等。

（14）不使用以#开头的延时，如#100。

2.5　Verilog 代码书写规范

代码书写规范就是通过建立起一种通用的约定和模式，在书写代码的时候遵循，以此帮助打造健壮的软件。

使用编码规范有很多好处，包括但不限于：

（1）保持编码风格、注释风格一致，应用设计模式一致；

（2）新程序员通过熟悉相关的编码规范，可以更容易、更快速地掌握已有的程序库；

（3）降低代码中 bug 出现的可能性。

代码书写规范包括的内容很多，如信号命名规范、模块命名规范、代码格式规范、模块调用规范等，本节仅就代码格式规范做一些简单说明。

代码格式规范仅从分节书写格式、注释规范、空格的使用、begin…end 的书写规范等几个方面做简单说明。

1. 分节书写格式

各节之间加 1 到多行空格。如每个 always、initial 语句都是一节。每节基本上完成一个特定的功能，即用于描述某个或某几个信号的产生。在每节之前有几行注释对该节代码加以描述，至少列出本节中所描述信号的含义。

行首不要使用空格来对齐，而是用 Tab 键，Tab 键的宽度设为 4 个字符宽度。行尾不要有多余的空格。

2. 注释规范

使用//进行的注释行以分号结束；使用/* */进行的注释，/*和*/各占用一行，并且顶头。例如：

```
// edge detector used to synchronize the input signal;
```

在注释说明中，需要注意以下细节：

（1）在注释中应该详细说明模块的主要实现思路，特别要注明自己的一些想法，如果有必要则应该写明想法产生的来由。

（2）在注释中详细注明模块的适用性，强调使用时可能出错的地方。

（3）对模块注释开始到模块命名之间应该有一组用来标识的特殊字符串。如果算法比较复杂，或算法中的变量定义与位置有关，则要求对变量的定义进行图解。对难以理解的算法能图解尽量图解。

为方便读者阅读，在本书的实例中，特别在注释方面做了统一处理：

（1）每个模块前使用下面的样式进行注释：

```
// ======================================================//
//关于整个模块的注释说明
// ======================================================//
```

（2）每个 always 块语句和连续赋值语句 assign 前使用下面的样式进行注释：

```
// ------------------------------------------------------//
//关于 always 语句或 assign 语句的注释说明
```

3. 空格的使用

不同变量，以及变量与符号、变量与括号之间都应当保留一个空格。Verilog 关键字与其他任何字符串之间都应当保留一个空格。例如：

```
always @ ( ... )
```

使用大括号和小括号时，前括号的后边和后括号的前边应当留有一个空格。逻辑运算符、算术运算符、比较运算符等运算符的两侧各留一个空格，与变量分隔开来；单操作数运算符例外，直接位于操作数前，不使用空格。使用//进行的注释，在//后应当有一个空格；注释行的末尾不要有多余的空格。例如：

```
assign SramAddrBus = { AddrBus[31:24], AddrBus[7:0] };
assign DivCntr[3:0] = DivCntr[3:0] + 4'b0001;
assign Result = ~Operand;
```

4. begin…end 的书写规范

同一个层次的所有语句左端对齐；initial、always 等语句块的 begin 关键词跟在本行的末尾，相应的 end 关键词与 initial、always 对齐。这样做的好处是避免因 begin 独占一行而造成行数太多。例如：

```
always @ ( posedge SysClk or negedge SysRst ) begin
    if( !SysRst ) DataOut <= 4'b0000;
    else if( LdEn ) begin
            DataOut <= DataIn;
        end
    else DataOut <= DataOut + 4'b0001;
end
```

不同层次之间的语句使用 Tab 键进行缩进，每加深一层缩进一个 Tab；在 endmodule、endtask、endcase 等标记一个代码块结束的关键词后面要加上一行注释说明这个代码块的名称。

知识小结

本章重点回顾了 Verilog HDL 硬件描述语言的语法，包括：
- ✓ 语言结构。
- ✓ 数据类型和运算符。
- ✓ 过程描述语句。
- ✓ 可综合与不可综合语法。
- ✓ 代码书写规范。

习题2

扫一扫看
本章习题

1. 对于定义 reg [7:0] mema [255:0]，正确的赋值为（　　）。
   A．mema=8'd0　　　　　　　　　　　B．mema[5]=10
   C．1'b1　　　　　　　　　　　　　　D．mema[5][3:0]=4'd1

2. 已知 "a=1'b1,b=3'b001"，那么{a，b}=（　　）。
   A．4'b0011　　　B．4'b1001　　　C．3'b001　　　D．3'b101

3. 按操作符所带的操作数，操作符分类中不含的类型是（　　）。
   A．单目　　　　B．双目　　　　C．多目　　　　D．三目

4. 对于 "a=4'b1101，b=4'b0110"，正确的运算结果是（　　）。
   A．a&b=0　　　　　　　　　　　　　B．a&&b=1
   C．b&a=4'b1000　　　　　　　　　　D．b&&a=4'b0100

5. 在 Verilog 语言中，a=4'b1011，那么&a=（　　）。
   A．4'b1011　　　B．1'b0　　　C．1'b1　　　D．4'b1111

6．下列敏感信号的表示属于边沿敏感型的是（　　）。

    A．always@(posedge clk or clr)　　　　　B．always@(A or B)

    C．always@(posedge clk or posedge clr)　　D．always @ (*)

7．关于阻塞赋值和非阻塞赋值描述正确的是（　　）。

    A．设计时序电路时应尽量使用阻塞赋值方式

    B．对同一个变量可以既进行阻塞赋值，又进行非阻塞赋值

    C．可以在两个或者两个以上的 always 过程中对同一变量赋值

    D．设计组合逻辑电路时建议使用阻塞赋值

8．语句"assign X=A+B;"中，变量 X 应被定义为（　　）数据类型。

    A．reg　　　　　　　B．parameter　　　　　C．wire　　　　　　　　D．int

9．"always @(posedge clk)"语句在以下（　　）情况下会被执行。

    A．clk 为高电平　　　　　　　　　　　B．clk 为低电平

    C．clk 的下降沿　　　　　　　　　　　D．clk 的上升沿

10．"//"的含义是（　　）。

    A．脚本文件中的注释符号　　　　　　　B．Verilog HDL File 中的注释符号

    C．左移称号　　　　　　　　　　　　　D．除法

第3章

ModelSim 仿真

扫一扫看
本章教学
课件

ModelSim 是一种功能非常强大的仿真软件，不仅支持向量波形文件的仿真，还支持文本形式的仿真。本章重点介绍使用 ModelSim 进行功能仿真的步骤和方法，同时也详细介绍 Verilog 的仿真技术。因为不可综合的语法是 Verilog 语法的一个子集，为了全面了解 Verilog HDL 强大的仿真功能，有必要详细全面地了解 Verilog HDL 语法。

本章的主要教学目标有两个：①学习和掌握使用 ModelSim 软件进行功能仿真的方法；②理解和掌握仿真用语法，尤其是不可综合的语法，为后续编写仿真代码奠定基础。

任务5　十六进制计数器的设计及仿真

【任务描述】　实现一个带有异步复位功能的十六进制计数器，并使用 ModelSim 软件进行功能仿真。

【知识点】　本任务需要学习以下知识点：

（1）使用 ModelSim 软件进行功能仿真的方法和流程；

（2）描述 ModelSim 仿真测试激励文件的方法；

（3）可综合语法与不可综合语法的使用方法，可通过 ModelSim 学习和验证；

（4）ModelSim 仿真语法；

（5）ModelSim 系统函数和任务；

（6）异步复位的实现方法；

（7）十六进制计数器的实现方法。

3.1　ModelSim 软件的使用

ModelSim 为 HDL 仿真工具软件，支持 IEEE 常见的各种硬件描述语言标准，可以利用该软件来实现对所设计的 Verilog 程序的仿真。ModelSim 常见的版本分为 ModelSim AE、ModelSim XE 和 ModelSim SE 三种。ModelSim 版本更新很快，本章使用的版本为 ModelSim SE 10.0c，该版本支持 Verilog 的 2001 标准。

本章为 ModelSim 的初级教程，读者学习完本章可以较为熟练地使用 ModelSim 进行设计仿真，本章没有也不可能涉及 ModelSim 的各个方面，要想全面地掌握 ModelSim，可以参阅 ModelSim 附带的文档。

执行菜单命令"开始→程序→ModelSim SE 10.0c→ModelSim"或双击桌面上的快捷方式，打开 ModelSim 软件，出现的界面如图 3-1 所示。在图的最上端为标题栏；下面一行为菜单栏；再下面为工具栏；左半部分为工作区（Workspace），在其中可以通过双击查看当前的工程及对库进行管理；右半部分为信息显示区，用于显示和编辑文件、显示仿真波形及其他信息；下面为命令窗口区，在其中出现的命令行及提示信息称为脚本（Transcript）；最下面一行为状态栏。对于 ModelSim 的菜单和工具栏，读者有一个初步的了解就可以了。

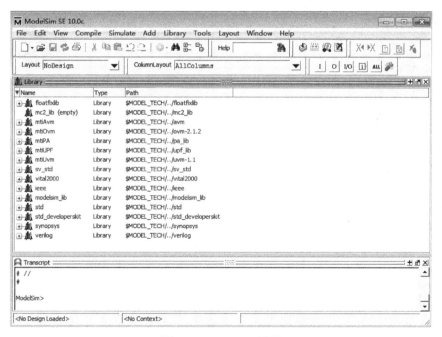

图 3-1　ModelSim 界面

这里要注意的是，有些操作是无法通过菜单和工具栏来完成的，必须使用命令行方式来操作。常用的命令并不多，不是很难掌握，建议大家参阅相关书籍学习。

作为一种简单易用、功能强大的逻辑仿真工具，ModelSim 具有广泛的应用。本节通过一个简单的例子对 ModelSim 做一个入门性的介绍，着重介绍 ModelSim 的功能仿真。

本节的例子是完成一个带有异步复位功能的十六进制计数器。设计源码参见实例 3-1。

实例 3-1 带有异步复位功能的十六进制计数器的 Verilog 代码。

```verilog
module counter_16(clk,rst,cnt);
    input clk;
    input rst;
    output reg[3:0] cnt;
    always@(negedge rst, posedge clk)
        if(!rst) cnt<=0;
        else cnt<=cnt+1;
endmodule
```

扫一扫看十
六进制计数
器代码

异步复位的实现，是通过在 always 语句的敏感列表中，增加了关于 rst 信号的下降沿的判断。

设计完成之后，需要设计激励模块对该十六进制计数器进行测试验证，测试激励模块必须包括被测试的设计的实例，以及为该实例提供的输入激励。一个可使用的测试激励块如实例 3-2。

实例 3-2 实例 3-1 的测试激励文件。

```verilog
timescale 1ns / 1ns
module sim_counter_16;
    // Inputs
    reg clk;
    reg rst;
    // outputs
    wire cnt;
    // Instantiate the Unit Under Test (UUT)
    counter_16 uut(
        .clk(clk),
        .rst(rst),
        .cnt(cnt)
    );
    parameter PERIOD = 20;
    initial begin
        clk = 1'b0;
        forever
            #(PERIOD/2) clk = ~clk;
    end
    initial begin
        rst = 1'b1;
        #35 rst=1'b0;
        #20 rst=1'b1;
    end
endmodule
```

扫一扫看测
试激励文件
代码

测试激励块的主要功能是为 counter_16 模块提供输入信号，同时监视 counter_16 模块

的输出，并与预期输出比较，以判断 counter_16 模块的功能是否正确。

下面详细说明使用 ModelSim 对十六进制计数器进行功能仿真的步骤。

1. 运行 ModelSim，创建 ModelSim 工程

执行菜单命令"开始→程序→ModelSim SE 10.0c→ModelSim"或双击桌面上的快捷方式，打开 ModelSim 软件。然后单击"File→New→Project"，会出现如图 3-2 所示的窗口，在"Project Name"中输入建立的工程名字为 cnt_sim，在"Project Location"中输入工程保存的路径为 D:/modelsim_example，注意 ModelSim 不能为一个工程自动建立一个目录，需要自己在"Project Location"中输入路径来为工程建立目录；在"Default Library Name"中设置设计编译后存放的目标库，这里使用默认值。这样，在编译设计文件后，在 Workspace 窗口的"Library"中就会出现 work 库。完成各项设置后，单击"OK"按钮。

2. 添加工程文件

在随后出现的如图 3-3 所示的界面中，可以单击不同的图标来为工程添加不同的项目。单击"Create New File"可以为工程添加新建的文件，单击"Add Existing File"为工程添加已经存在的文件，单击"Create Simulation"为工程添加仿真，单击"Create New Folder"可以为工程添加新的目录。这里单击"Add Existing File"。

出现如图 3-4 所示界面，单击"File Name"框右侧的"Browse..."按钮，将 counter_16、sim_counter_16 这两个文件加到工程目录中，单击"OK"按钮。

图 3-2　新建工程窗口

图 3-3　为工程添加文件

图 3-4　为工程添加已存在的文件

添加文件后的工程界面如图 3-5 所示。

图 3-5　添加文件后的工程界面

3. 编译工程

通过图 3-5 可以看出，在 Workspace 窗口的"Project"选项卡里，两个文件的状态栏均为问号，这表示这些文件未曾编译或者编译后又进行了修改。

选择"Compile→Compile All"，如图 3-6 所示。

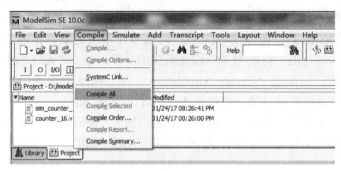

图 3-6　编译设计中的文件

然后，在命令窗口中将出现两行绿色字体 Compile of ×××　was successful.，×××为上面 4 个文件的名字，说明文件编译成功。在状态栏后有一个绿色的对号，表示编译成功，如图 3-7 所示。

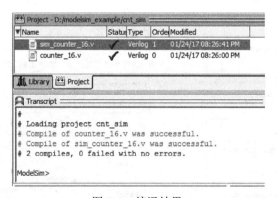

图 3-7　编译结果

4. 仿真

执行菜单命令"Simulate→Start Simulation…"，会出现如图 3-8 所示的界面。展开"Design"选项卡下的 work 库，并选中其中的 sim_counter_16，即顶层测试模块，这是所要仿真的对象，"Resolution"为仿真的时间精度，这里使用默认值，"Optimization"选项不选，单击"OK"按钮。

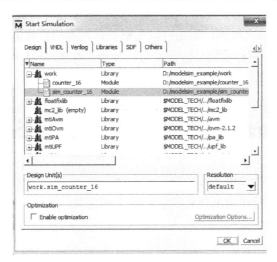

图 3-8　选择仿真对象

出现如图 3-9 所示仿真界面，在该界面中可以看到"sim"窗口、"Objects"窗口和"Wave"窗口，这表明仿真设置成功。

图 3-9　仿真界面

为了观察波形窗口，要为该窗口添加需要观察的对象。在"Objects"窗口右击，选择"Add→To Wave→Signals in Region"选项，如图 3-10 所示，这时在波形窗口中就可以看到 clk、rst 和 cnt 信号了。

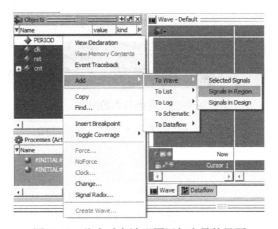

图 3-10　仿真时向波形图添加变量的界面

开始仿真，在主窗口中输入"run 1μs"后回车，表示运行仿真 1 μs，仿真时 CPU 的利用率一直为 100%，如果仿真很慢，则还可以观察状态栏里的当前仿真时间。

在"Wave"窗口中，可以看到已经有了仿真波形，如图 3-11 所示。还可以在波形窗口添加标尺，用于测量信号的周期、延时等信息。

图 3-11　仿真波形窗口

退出仿真，在主窗口中单击"Simulate→End Simulation"，会出现对话框，提示是否确认退出仿真，单击"是"按钮退出仿真。

5. 功能仿真结果分析

首先将"Wave"窗口中的 cnt 输出数据转变为无符号十进制数，这样可以看得更清楚，设置界面如图 3-12 所示。

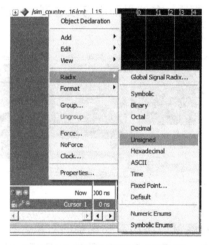

图 3-12　设置为无符号十进制数

设置完成后，仿真波形图变为图 3-13 所示。由仿真图可知，复位信号与时钟的上升沿没有关联，实现了异步复位，同时也实现了十六进制计数器的功能。

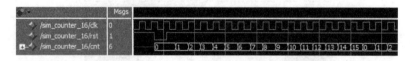

图 3-13　功能仿真的结果

通过本节的学习，可以发现 ModelSim 不仅好用，而且易用。

3.2　延时

前面的内容，描述的电路有许多都是无延时的。事实上，在实际的电路中，任何一个逻辑门都具有延时，Verilog 允许用户通过延时语句来说明逻辑电路中的延时。实例 3-2

中，在编写测试激励块时使用了延时，下面对延时做进一步说明。

信号在电路中传输会有传播延时，如线延时、器件延时。所谓延时就是对延时特性的 HDL 描述。举例如下：

```
assign # 2 B = A;
```

表示 B 信号在 2 个时间单位后得到 A 信号的值，如图 3-14 所示。

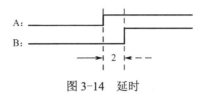

图 3-14　延时

在 Verilog 中，时序控制起着非常重要的作用，它使得设计者可以指定赋值发生的时刻，进而控制仿真时间的推进过程。基于延时的时序控制出现在表达式中，它指定了语句开始执行到执行完成之间的时间间隔。延时值可以是数字、标识符或表达式，需要在延时值前加上关键字#。

在 Verilog HDL 中，所有延时都必须根据时间单位进行定义，定义的方法是在文件头添加如下语句：

```
`timescale 1ns /100ps
```

其中，`timescale 是 Verilog HDL 提供的编译预处理命令，1 ns 表示时间单位是 1 ns，100 ps 表示时间精度是 100 ps。根据该命令，编译工具才可以认知#2 为 2 ns。

在 Verilog HDL 的 IEEE 标准中没有规定时间单位的默认值，由各仿真工具确定。因此，在编写代码时必须确定。

`timescale 命令用来说明跟在该命令后的模块的时间单位和时间精度。使用`timescale 命令可以在同一个设计里包含采用了不同时间单位的模块。例如，一个设计中包含了两个模块，其中一个模块的时间延时单位为 ns，另一个模块的时间延时单位为 ps，EDA 工具仍然可以对这个设计进行仿真测试。

`timescale 命令的格式如下：

```
`timescale<时间单位>/<时间精度>
```

在这条命令中，时间单位参量是用来定义模块中仿真时间和延时时间的基准单位的。时间精度参量是用来声明该模块的仿真时间的精确程度的，该参量被用来对延时时间值进行取整操作（仿真前），因此该参量又可以称为取整精度。如果在同一个程序设计里存在多个`timescale 命令，则用最小的时间精度值来决定仿真的时间单位。另外，时间精度至少要和时间单位一样精确，时间精度值不能大于时间单位值。

在`timescale 命令中，用于说明时间单位和时间精度参量值的数字必须是整数，其有效数字为 1、10、100，单位为秒（s）、毫秒（ms）、微秒（μs）、纳秒（ns）、皮秒（ps）、毫皮秒（fs）。这几种单位的定义见表 3-1 的说明。

表 3-1 时间单位及其定义

时 间 单 位	定 义
s	秒（1 s）
ms	千分之一秒（10^{-3} s）
μs	百万分之一秒（10^{-6} s）
ns	十亿分之一秒（10^{-9} s）
ps	万亿分之一秒（10^{-12} s）
fs	千万亿分之一秒（10^{-15} s）

下面举例说明`timescale 命令的用法。

实例 3-3 `timescale 命令的用法举例。

```
`timescale 10ns/1ns
module  test;
    reg  set;
    parameter  d=1.37;
    initial begin
        $monitor($realtime,"set=",set);
        #d set=0;
        #d set=1;
    end
endmodule
```

扫一扫看
`timescale 命
令用法代码

程序运行结果：

```
# 0   set=x
# 1.4 set=0
# 2.8 set=1
```

程序说明：

（1）`timescale 命令定义了模块 test 的时间单位为 10 ns、时间精度为 1 ns。在这个命令之后，模块中所有的时间值都是 10 ns 的倍数，并且可表达为带一位小数的实型数，这是因为`timescale 命令定义的时间精度为时间单位的 1/10。

（2）参数 d=1.37，根据时间精度，d 的值应为 1.4（四舍五入），再根据时间单位，d 所代表的时间为 14 ns（即 1.4×10 ns）。

（3）"#d set=0;"中 d 为延时值，#d 表示延时 d 秒，整个句子表达的意思是延时 d 秒后再将 set 赋值为 0。延时值可以是数字、标识符或表达式，表示延时时需要在延时值前加上关键字#。

（4）本例的仿真过程为：在仿真时刻为 14 ns 时，寄存器 set 被赋值 0；在仿真时刻为 28 ns 时，寄存器 set 被赋值 1。

3.3　常用块语句

3.3.1　initial 块语句

所有在 initial 语句内的语句构成了一个 initial 块。initial 块从仿真 0 时刻开始执行，在整个仿真过程中只执行一次。如果一个模块中包括了若干 initial 块，则这些 initial 块从仿真 0 时刻开始并发执行，且每个块的执行是各自独立的。

initial 块的使用类似于 always 块，块内使用的语句必须是行为语句，应用于 always 块内的语句均可应用于 initial 块。在一个模块内，可同时包括若干 initial 块和若干 always 块，所有这些块均从仿真 0 时刻开始并发执行，且每个块的执行是各自独立的。

如果在 initial 块内包含了多条行为语句，那么需要将这些语句组成一组，使用关键字 begin 和 end（或 fork 和 join）将它们组合为一个块语句；如果块内只有一条语句，则不必使用关键字 begin 和 end（或 fork 和 join）。这一点类似于 C 语言中的复合语句{}。

initial 语句的格式如下：

```
initial  begin
    语句1;
    语句2;
    ...
    语句n;
end
```

由于 initial 块语句在整个仿真期间只能执行一次，因此它一般被用于初始化、信号监视、生成激励信号等目的。下面举例说明 initial 语句的使用。

实例 3-4　initial 块语句举例 1。

```
`timescale 1ns/1ns
module test_initial_0;
parameter size=4;
reg[7:0] y;
integer index;
reg[7:0] memory[0:size-1];
  initial  begin
    y=10;                          //初始化寄存器
    for(index=0;index<size;index=index+1)
      #5 memory[index]=index;      //初始化一个 memory
    end
endmodule
```

扫一扫看
initial 块
语句代码

程序说明：

（1）程序中各变量的波形图如图 3-15 所示。

（2）在程序的 for 语句中加入延时，是为了看清楚初始化过程。实际仿真时，需要去掉该延时。从这个例子可以看出，initial 语句的用途之一是初始化各变量。

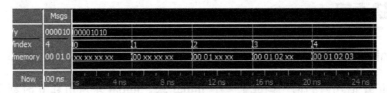

图 3-15　实例 3-4 中各变量的波形图

实例 3-5　initial 块语句举例 2。

```
`timescale 1ns/1ns
module test_initial;
    reg x;
    initial
        #10  x=1'b1;                //只有一条语句，不需要使用 begin…end
    initial  begin
        x=1'b0;                    //多条语句，需要使用 begin…end
        #5  x=1'bx;
    end
    initial  begin:block           //定义块内局部变量，需要给块命名
        integer I;
        I=5;
        #(10+I)  x=1'b0;
        #(I)  x=1'b1;
        #(I)  x=1'b0;
    end
endmodule
```

扫一扫看
initial 块
语句代码

程序说明：

（1）程序中 x 的波形图如图 3-16 所示。

图 3-16　实例 3-5 中 x 的波形图

从仿真波形可以看出，多个 initial 块是从仿真 0 时刻开始并发执行的。

（2）在仿真过程中，如果某条语句前面存在延时，那么对这条语句的仿真将会停顿下来，经过指定的延时时间之后再继续执行，这点可结合代码和波形图进行理解。

（3）在 Verilog HDL 语言中，对于顺序块和并行块，可以给每个块取一个名字，只需将名字加在关键词 begin 或 fork 后面即可。这样做的原因有以下几点：

① 这样可以在块内定义局部变量，即只在块内使用的变量。

② 这样可以允许块被其他语句调用，如 disable 语句。

③ 在 Verilog 语言里，所有的变量都是静态的，即所有的变量都只有一个唯一的存储地址，因此进入或跳出块并不影响存储在变量内的值。

基于以上原因，块名就提供了一个在任何仿真时刻确认变量值的方法。

（4）从这个实例中，我们可以看到 initial 语句的另一用途，即用 initial 语句来生成激励波形作为电路的测试仿真信号，如图中的 x 即可用作电路的激励信号。initial 块常用于测试文件的编写，用来产生仿真测试信号和设置信号记录等仿真环境。

3.3.2　顺序块 begin…end

关键字 begin 和 end 用于将多条语句组成顺序块。顺序块的格式如下：

```
begin
    语句1;
    语句2;
    …
    语句n;
end
```

或

```
begin:块名
    块内声明语句
    语句1;
    语句2;
    …
    语句n;
end
```

其中，块名即该块的名字，为一个标识名。块内声明语句可以是参数声明语句、reg 型变量声明语句、integer 型变量声明语句、real 型变量声明语句等。

下面举例说明。

实例 3-6　*顺序块应用举例。*

```
`timescale 1ns/1ns
module test_begin;
    parameter  d=20;      //声明 d 是一个参数
    reg [7:0]  data;      //声明 data 是一个 8 位的寄存器变量
    initial begin         //由一系列延时产生的波形
            #d data = 8'h11;
            #d data = 8'h22;
            #d data = 8'h33;
            #d data = 8'h44;
            #d $stop;
    end
endmodule
```

程序说明：

（1）这个实例中用顺序块和延时控制组合来产生一个时序波形，如图 3-17 所示。

51

图 3-17　时序波形

（2）块内的语句是按顺序执行的，即只有上面一条语句执行完后下面的语句才能执行。

（3）每条语句的延时时间是相对于前一条语句的仿真时间而言的。

（4）直到最后一条语句执行完，程序流程控制才跳出该语句块。

3.3.3　并行块 fork…join

并行块的格式如下：

```
fork
    语句1;
    语句2;
    …
    语句n;
join
```

或

```
fork:块名
    块内声明语句
    语句1;
    语句2;
    …
    语句n;
join
```

　　其中，块名即标识该块的一个名字，相当于一个标识符。块内说明语句可以是参数声明语句、reg 型变量声明语句、integer 型变量声明语句、real 型变量声明语句、time 型变量声明语句、事件（event）声明语句等。

　　下面使用 fork…join 语句重写实例 3-6。

实例 3-7　并行块应用举例。

```
`timescale 1ns/1ns
module test_fork;
    parameter d=20;      //声明 d 是一个参数
    reg [7:0] data;      //声明 data 是一个 8 位的寄存器变量
    initial fork          //由一系列延时产生的波形
        #d      data = 'h11;
        #(2*d)  data = 'h22;
        #(3*d)  data = 'h33;
        #(4*d)  data = 'h44;
        #(5*d)  $stop;
```

```
        join
    endmodule
```

程序说明：

（1）本例用并行块实现了前面例子中的顺序块产生的波形，这两个例子生成的波形是一样的。

（2）块内语句是同时执行的，即程序流程控制一进入到该并行块，块内语句就开始同时并行地执行。

（3）块内每条语句的延时时间是相对于程序流程控制进入到块内时的仿真时间。

（4）延时时间是用来给赋值语句提供执行时序的。

（5）当按时间时序排序在最后的语句执行完后或一个 disable 语句执行时，程序流程控制跳出该程序块。

注意：顺序块和并行块之间的根本区别在于，当控制转移到块语句时，并行块中所有的语句同时开始执行，语句之间的先后顺序是无关紧要的，因此在 fork…join 块内，不必关心各条语句的出现顺序。

3.3.4　嵌套块

当一个块嵌入另一个块时，块的起始时间和结束时间是很重要的。至于跟在块后面的语句只有在该块的结束时间到了才能开始执行，也就是说，只有该块完全执行完后，后面的语句才可以执行。

实例 3-8　嵌套块应用举例。

```
`timescale 1ns/1ns
module test_nested;
    parameter   d=20;       //声明 d 是一个参数
    reg [7:0]   data;       //声明 data 是一个 8 位的寄存器变量
    initial fork:block1     //并行块
        #d      data = 'h11;
        #(2*d)  data = 'h12;
        #(3*d)  data = 'h13;
        begin:block2        //内嵌顺序块
            #(d-10) data='h2f;
            #d data='h2e;
            fork:block3     //内嵌并行块
                #5 data='h38;
                #15 data='h39;
            join
            #d data = 'h2d;
        end
        #(4*d)  data = 'h14;
    join
endmodule
```

扫一扫看嵌套块应用代码

程序说明：

（1）本例输出的 data 的波形如图 3-18 所示。

图 3-18　data 的波形

（2）程序中，block2 的起始时间跟 block1 的其他并行语句一样都是仿真时刻 0；block3 的起始时间跟它在 block2 中的位置有关，由于 block3 之前还有两条顺序语句，经计算可知，block3 的起始时间为仿真时刻 30。可将程序代码和波形图结合起来分析。

关于起始时间和结束时间的进一步说明：

在并行块和顺序块中都有一个起始时间和结束时间的概念。对于顺序块，起始时间就是第一条语句开始执行的时间，结束时间就是最后一条语句执行完的时间；而对于并行块来说，起始时间对于块内所有的语句是相同的，即程序流程控制进入该块的时间，其结束时间是按时间排序在最后的语句执行完的时间。

3.4　常用系统函数和任务

Verilog HDL 语言中有以下一些系统函数和任务：$bitstoreal、$rtoi、$display、$setup、$finish、$skew、$hold、$setuphold、$itor、$strobe、$period、$time、$printtimescale、$timefoemat、$realtime、$width、$real tobits、$write、$recovery 等。Verilog HDL 语言中的每个系统函数和任务前面都用一个标识符$来加以确认。这些系统函数和任务提供了非常强大的功能，有兴趣的读者可以参阅相关书籍。

下面对一些常用的系统函数和任务逐一加以介绍。

3.4.1　输出系统任务$display、$write 和$strobe

格式：

```
$display(p1,p2,… ,pn);
$write(p1,p2,… ,pn);
$strobe (p1,p2,… ,pn);
```

这 3 个函数和系统任务的作用是用来输出信息，即将参数 p2～pn 按参数 p1 给定的格式输出。参数 p1 通常称为"格式控制"，参数 p2～pn 通常称为"输出表列"。这 3 个任务的作用基本相同。$display 自动地在输出后进行换行；$write 则不是这样，如果想在一行里输出多个信息，可以使用$write；$strobe 总是在同一仿真时刻的其他语句执行完成之后才执行。在$display、$write 和$strobe 中，其输出格式控制是用双引号括起来的字符串，它包括两种信息：格式说明和普通字符。

（1）格式说明，由"%"和格式字符组成。它的作用是将输出的数据转换成指定的格式输出。格式说明总是由"%"字符开始的。对于不同类型的数据用不同的格式输出。表 3-2 中给出了常用的几种输出格式。

表 3-2　常用的输出格式

输 出 格 式	说　　明
%h 或%H	以十六进制数的形式输出
%d 或%D	以十进制数的形式输出
%o 或%O	以八进制数的形式输出
%b 或%B	以二进制数的形式输出
%c 或%C	以 ASCII 码字符的形式输出
%v 或%V	输出网络型数据信号强度
%m 或%M	输出等级层次的模块名称
%s 或%S	以字符串的形式输出
%t 或%T	以当前的时间格式输出
%e 或%E	以指数的形式输出实型数
%f 或%F	以十进制数的形式输出实型数
%g 或%G	以指数或十进制数的形式输出实型数，无论何种格式都以较短的结果输出

（2）普通字符，即需要原样输出的字符。其中一些特殊的字符可以通过表 3-3 中的转换序列来输出。表 3-3 中的字符形式用于格式字符串参数中，用来显示特殊的字符。

表 3-3　转义字符

换 码 序 列	功　　能
\n	换行
\t	横向跳格（即跳到下一个输出区）
\\	反斜杠字符\
\"	双引号字符"
\o	1～3 位八进制数代表的字符
%%	百分符号%

在$display 和$write 的参数列表中，其"输出表列"是需要输出的一些数据，可以是表达式。下面通过几个实例进行说明。

实例 3-9　$display 应用举例。

扫一扫看
display 应
用代码

```
module  disp;
    reg[6:0] val;
    initial begin
        val=49;
        $display("hex:%h,decimal:%d", val, val);
        $display("octal:%o,binary:%b", val, val);
        $display("hex:%h,decimal:%0d", val, val);
        $display("octal:%0o,binary:%0b", val, val);
        val=97;
```

```
            $display("ascii character:%c",val);
            $display("string: %s",val);
            $display("\\\t%%\n\"\101"); //转义字符
            #5  $display("current scope is %m");
            $display("simulation time is %t",$time);
        end
    endmodule
```

程序运行结果：

```
# hex:31,decimal: 49
# octal:061,binary:0110001
# hex:31,decimal:49
# octal:61,binary:110001
# ascii character:a
# string: a
# \ %
# "A
# current scope is disp
# simulation time is                    5
```

程序说明：

（1）使用$display 时，输出列表中数据的显示宽度是自动按照输出格式进行调整的。这样在显示输出数据时，在经过格式转换以后，总是用表达式的最大可能值所占的位数来显示表达式的当前值。在用十进制数格式输出时，输出结果前面的 0 值用空格来代替。对于其他进制，输出结果前面的 0 仍然显示出来。对于一个位宽为 7 位的值，如按照十六进制数输出，则输出结果占 2 个字符的位置；如按照十进制数输出，则输出结果占 3 个字符的位置。这是因为这个表达式的最大可能值为 7F（十六进制）、127（十进制数）。可以通过在%和表示进制的字符中间插入一个 0 自动调整显示输出数据宽度的方式，使输出时总是用最少的位数来显示表达式的当前值。请注意观察下面语句的输出：

```
        $display("hex:%h,decimal:%0d", val, val);
        $display("octal:%0o,binary:%0b", val, val);
```

（2）$time 是时间度量系统函数，其使用方法稍后介绍。

选通显示（$strobe）与$display 作用大同小异。如果许多其他语句与$display 任务在同一时刻执行，那么这些语句与$display 任务的执行顺序是不确定的。如果使用$strobe，该语句总是在同一时刻的其他语句执行完成之后才执行。因此，它可以确保所有在同一时刻赋值的其他语句执行完成后才显示数据。

实例 3-10 $strobe 应用举例。

```
module strob;
    reg val;
    initial begin
```

```
        $strobe   ("\$strobe : val = %b", val);
        val = 0;
        val <= 1;
        $display ("\$display: val = %b", val);
    end
endmodule
```

程序运行结果：

```
# $display: val = 0
# $strobe : val = 1
```

程序说明：

（1）由于"val <= 1;"是非阻塞赋值，要在此仿真时刻最后才完成赋值，因此非阻塞语句的赋值在所有的$display 命令执行以后才更新数值；由于$display 在"val = 0;"语句之后，所以显示的 val 值为此刻的值 0。

（2）$strobe 语句总是在同一时刻的其他语句执行完成之后才执行，所以它显示 val 非阻塞赋值完成后的值 1。因此，建议读者用$strobe 系统任务来显示用非阻塞赋值的变量的值。

3.4.2　监控系统任务$monitor

格式：

```
$monitor(p1,p2,…,pn);
$monitor;
$monitoron;
$monitoroff;
```

任务$monitor 提供了监控和输出参数列表中的表达式或变量值的功能。其参数列表中输出控制格式字符串和输出表列的规则与$display 中的一样。当启动一个带有一个或多个参数的$monitor 任务时，仿真器建立一个处理机制，使得每当参数列表中变量或表达式的值发生变化时，整个参数列表中变量或表达式的值都将输出显示。如果同一时刻两个或多个参数的值发生变化，则在该时刻只输出显示一次。

$monitoron 和$monitoroff 任务的作用是通过打开和关闭监控标志来控制监控任务$monitor 的启动和停止，这样使得程序员可以很容易地控制监控任务$monitor。其中，$monitoroff 任务用于关闭监控标志，停止监控任务$monitor；$monitoron 用于打开监控标志，启动监控任务$monitor。通常在通过调用$monitoron 启动$monitor 时，不管$monitor 参数列表中的值是否发生变化，总是立刻输出显示当前时刻参数列表中的值，这用于在监控的初始时刻设定初始比较值。在默认情况下，控制标志在仿真的起始时刻就已经打开了。在多模块调试的情况下，许多模块中都调用了$monitor，因为任何时刻只能有一个$monitor起作用，因此需配合$monitoron 与$monitoroff 使用，把需要监视的模块用$monitoron 打开，在监视完毕后及时用$monitoroff 关闭，以便把$monitor 让给其他模块使用。$monitor 与$display 的不同处还在于，$monitor 往往在 initial 块中调用，只要不调用$monitoroff，$monitor 便不间断地对所设定的信号进行监视。

3.4.3　时间度量系统任务$time 和$realtime

在 Verilog HDL 中有两种类型的时间系统函数：$time 和$realtime。用这两个时间系统函数可以得到当前的仿真时刻。

系统函数$time 可以返回一个用 64 比特整数表示的当前仿真时刻值，该时刻以模块的仿真时间尺度为基准。$realtime 和$time 的作用是一样的，只是$realtime 返回的时间数字是一个实型数，该数字也是以时间尺度为基准的。下面通过实例说明。

实例 3-11　$monitor 和$time 应用举例。

```
`timescale 10ns/1ns
module monit;
    reg data;
    parameter p=1.4;
    initial begin
        $monitor($time,"data=",data);
        #p data=0;
        #p data=1;
        #p data=0;
        #p data=1;
    end
endmodule
```

扫一扫看
monitor 和 time
应用代码

程序运行结果：

```
#          0data=x
#          1data=0
#          3data=1
#          4data=0
#          6data=1
```

程序说明：

（1）在这个实例中，模块 monit 预想在时刻为 14 ns 时设置寄存器 data 为 0，在时刻为 28 ns 时设置寄存器 data 为 1，在 42 ns 时设置寄存器 data 为 0，在 56 ns 时设置寄存器 data 为 1。但是由$time 记录的 data 变化时刻却和预想的不一样。

（2）$time 显示时刻受时间尺度比例的影响。在上面的例子中，时间单位是 10 ns，因为 $time 输出的时刻总是时间单位的倍数，这样将 14 ns、28 ns、42 ns 和 56 ns 输出为 1.4、2.8、4.2 和 5.6。又因为$time 总是输出整数，所以在将经过尺度比例变换的数字输出时，要先进行取整。在上面的实例中，1.4、2.8、4.2 和 5.6 经取整后为 1、3、4 和 6 输出。注意：时间精度并不影响数字的取整。

（3）若将实例中的"$monitor($time,"data=",data);"改为"$monitor($realtime,"data=", data);"，则程序运行结果如下：

```
# 0data=x
# 1.4data=0
```

```
# 2.8data=1
# 4.2data=0
# 5.6data=1
```

从结果可以看出，$realtime 将仿真时刻经过尺度变换以后输出，不需进行取整操作。所以$realtime 返回的时刻是实型数。

本节对一些常用的系统函数和任务逐一进行了介绍，在此基础上，可以在 ModelSim 软件中编写功能更强的测试激励块，以便更好地使用 ModelSim 软件的功能。

知识小结

在本章，我们讨论了以下知识点：

✓ 使用 ModelSim 软件学习 Verilog 的语法，是一种便捷的途径。

✓ 当设计中没有涉及任何器件信息，并且没有调用任何依附于其他软件的宏功能模块时，建议设计和仿真均使用 ModelSim 来完成。

✓ Verilog HDL 有许多系统函数和任务是 C 语言中没有的，如$monitor 等，而这些系统任务在仿真调试模块中是非常有用的，我们只有通过阅读大量的 Verilog 仿真模块实例，经过长期的实践，经常查阅 Verilog 语言手册才能逐步掌握这些知识。

习题 3

扫一扫看本章习题

1. 在下列程序中，always 过程语句描述了一个带异步 Nreset 和 Nset 输入端的上升沿触发器，从选项中找出括号内应该填入的正确答案是（　　）。

```
always @ (  )
    if (!Nreset) Q<=0;
    else if (!Nset) Q<=1;
    else Q<=D;
```

A．posedge clk or negedge Nreset

B．posedge clk or negedge Nset

C．posedge clk or negedge Nreset or negedge Nset

D．negedge Nreset or negedge Nset

2. 执行下面的代码后，I、A、B 的值变为多少？

```
module test;
  reg [2:0] A;
  reg [3:0] B;
  integer I;
  initial begin
    I=7;
    A=I+1;
```

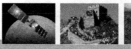
```
    B=I-8;
  end
endmodule
```

3. 在下面每行代码后面的括号内填入 $display 执行的结果。

```
module test;
  integer I;
  reg[3:0] A;
  reg[7:0] B;
  initial begin
    I=-1;  B=I-1;  A=B+3;
    $display("%b",B);(      )
    A=A*4;
    $display("%b",A);(      )
    B=B/8;
    $diaplay("%d",B);(      )
  end
endmodule
```

4. 下面的模块是针对实例 2-1 中的 muxtwo 模块的测试模块，因此没有输入/输出端口，请将 4 个选项填入相应的括号中以使测试模块完整。

```
`timescale 10ns /1ns
module test;
    (    )
    initial begin
        (    )
    end
    initial
        (    )
endmodule
```

A. S1=0;   A=0;   B=0;
   #5   A=1;
   #5   S1=1;
   #5   B=1;
B. wire   OUT;
   reg   S1,A, B;
C. $monitor ($time, S1, A, B, OUT);
D. muxtwo   ins1 (S1,A,B,OUT);

5. 分别为第 2 章的任务 3 和任务 4 完成的设计进行 ModelSim 仿真。

第4章

FPGA 基础应用设计

扫一扫看
本章教学
课件

本章介绍一些基础实验项目：点亮 LED 灯、控制 LED 灯闪烁、分频器、状态机建模、层次建模等。通过这些项目，介绍使用 Quartus II 进行 FPGA 开发的一些常用工具，包括 Tcl Script、Chip Planner、RTL Viewer 等。

本章的主要教学目标：通过介绍 LED 灯的控制项目，学习开发流程、开发工具的使用、状态机的使用、层次化模块设计及模块调用时的端口连接规则等内容，为后续章节的项目开发奠定坚实的基础。

任务 6　控制 LED 灯闪烁

扫一扫看控制
LED 灯闪烁微
视频

【任务描述】　本任务控制 LED 灯闪烁，闪烁频率为 1 Hz。

【知识点】　本任务需要学习以下知识点：

（1）LED 灯闪烁的原理及实现方法；

（2）50 MHz 分频得到 1 Hz 的方法；

（3）Quartus II 集成开发环境的工具 TCL Script 的使用方法。

扫一扫看控制
LED 灯闪烁教
学课件

4.1　控制 LED 灯闪烁

根据图 1-3 可知，将连接 LED 灯的 FPGA 引脚接低电平，LED 灯就会亮。因此，可以编写如实例 4-1 所示的代码点亮一个 LED 灯。

实例 4-1 点亮一个 LED 灯。

```
module led1_ctrl(led);
    output led;
    assign led=1'b0;
endmodule
```

扫一扫看
点亮 LED
灯代码

同理，若控制多个 LED 灯的亮灭，则只要同时控制多个连接 LED 灯的 FPGA 引脚的电平即可。实例 4-2 实现了 4 个 LED 灯的亮灭控制，其中两个灯亮，两个灯灭。

实例 4-2 控制 4 个 LED 灯，两亮两灭。

```
module led4_ctrl(led);
    output[3:0] led;
    assign led=4'b1010;
endmodule
```

扫一扫看
控制 LED
灯代码

如果要使 LED 灯闪烁，并且闪烁频率为 1 Hz，应该怎么办呢？

由于开发板的工作频率为 50 MHz，因此，为了使 LED 灯以 1 Hz 的频率闪烁，必须将 50 MHz 分频成 1 Hz 的信号，然后再使用 1 Hz 的信号去控制 LED 灯的亮灭。实现代码参见实例 4-3。

实例 4-3 控制 1 个 LED 灯闪烁，闪烁周期为 1 s。

```
module led_blink(clk,rst,led0);
    input clk;
    input rst;
    output led0;
    // ------------------------------------------------------//
    //灯控
    reg clk_1 Hz;
    assign led0=clk_1 Hz;
    // ------------------------------------------------------//
    // 分频
    reg[24:0] cnt;
    always @(negedge rst,posedge clk) begin
        if(!rst) begin
            cnt<=0;
            clk_1 Hz<=0;
        end
        else begin
            if(cnt==25000000-1) begin
                cnt<=0;
                clk_1Hz<=~clk_1 Hz;
            end
            else cnt<=cnt+1;
        end
```

```
    end
endmodule
```

本实例直接使用 1 Hz 的信号 clk_1 Hz 去控制灯，当 clk_1 Hz 为高电平时，灯灭；当 clk_1 Hz 为低电平时，灯亮。因此，灯以 1 Hz 的频率闪烁。

4.2　使用 TCL Script

本开发板使用的引脚数较多，而且由于液晶和 LED 灯共用引脚，需要反复修改引脚配置，所以本文采用 TCL 脚本文件分配引脚。

执行菜单命令"File→New"，在弹出的对话框中选择 Tcl Script File，单击"OK"按钮后，即可编辑 TCL 脚本文件，保存该文件为 pinset.tcl，该文件内容如实例 4-4 所示。

实例 4-4　TCL 脚本文件 pinset.tcl 的内容。

扫一扫看
TCL 脚本
文件内容

```
#时钟
set_location_assignment PIN_23 -to clk
#rst
set_location_assignment PIN_144 -to rst
#按键
#key[1]为左边第一个，key[4]为右边第一个
set_location_assignment PIN_144 -to key[1]
set_location_assignment PIN_145 -to key[2]
set_location_assignment PIN_146 -to key[3]
set_location_assignment PIN_147 -to key[4]
#LED 二极管
#led[0]为右边第一个，led[5]为左边第一个
set_location_assignment PIN_118 -to led[0]
set_location_assignment PIN_117 -to led[1]
set_location_assignment PIN_116 -to led[2]
set_location_assignment PIN_115 -to led[3]
set_location_assignment PIN_114 -to led[4]
set_location_assignment PIN_113 -to led[5]
#数码管位选择口
#wei[0]为右边第一个，wei[7]为左边第一个
set_location_assignment PIN_106 -to wei[0]
set_location_assignment PIN_105 -to wei[1]
set_location_assignment PIN_104 -to wei[2]
set_location_assignment PIN_127 -to wei[3]
set_location_assignment PIN_128 -to wei[4]
set_location_assignment PIN_133 -to wei[5]
set_location_assignment PIN_134 -to wei[6]
set_location_assignment PIN_135 -to wei[7]
#数码管段码：高低顺序为 H~A
set_location_assignment PIN_110 -to duan[0]
```

```
set_location_assignment PIN_112 -to duan[1]
set_location_assignment PIN_113 -to duan[2]
set_location_assignment PIN_114 -to duan[3]
set_location_assignment PIN_115 -to duan[4]
set_location_assignment PIN_116 -to duan[5]
set_location_assignment PIN_117 -to duan[6]
set_location_assignment PIN_118 -to duan[7]
#LCD1602 和 LCD12864 均适用
set_location_assignment PIN_118 -to lcd_rs
set_location_assignment PIN_117 -to lcd_rw
set_location_assignment PIN_116 -to lcd_e
set_location_assignment PIN_115 -to lcd_d[0]
set_location_assignment PIN_114 -to lcd_d[1]
set_location_assignment PIN_113 -to lcd_d[2]
set_location_assignment PIN_112 -to lcd_d[3]
set_location_assignment PIN_110 -to lcd_d[4]
set_location_assignment PIN_106 -to lcd_d[5]
set_location_assignment PIN_105 -to lcd_d[6]
set_location_assignment PIN_104 -to lcd_d[7]
#PS/2 键盘接口
set_location_assignment PIN_165 -to ps2_clk
set_location_assignment PIN_147 -to ps2_dat
#RS232 根据自己引脚的定义，可以交换使用 TX、RX
set_location_assignment PIN_160 -to uart_rx
set_location_assignment PIN_163 -to uart_tx
#VGA 显示器接口
set_location_assignment PIN_151 -to vga_rgb[0]
set_location_assignment PIN_150 -to vga_rgb[1]
set_location_assignment PIN_149 -to vga_rgb[2]
set_location_assignment PIN_152 -to vga_hs
set_location_assignment PIN_161 -to vga_vs
#蜂鸣器 BELL
set_location_assignment PIN_30 -to bell
#DS18B20 温度传感器
set_location_assignment PIN_145 -to ds18b20
#IR 红外线接收头
set_location_assignment PIN_144 -to ir
#AT24C04
set_location_assignment PIN_142 -to iic_sda
set_location_assignment PIN_143 -to iic_sck
#SDRAM other control signal
set_location_assignment PIN_182 -to sdram_clk
set_location_assignment PIN_207 -to sdram_cs_n
set_location_assignment PIN_3 -to sdram_we_n
set_location_assignment PIN_168 -to sdram_cas_n
set_location_assignment PIN_208 -to sdram_ras_n
```

```
set_location_assignment PIN_181 -to sdram_cke
#SDRAM bank
set_location_assignment PIN_205 -to sdram_bank[1]
set_location_assignment PIN_206 -to sdram_bank[0]
#SDRAM dqm
set_location_assignment PIN_185 -to sdram_dqm[1]
set_location_assignment PIN_5 -to sdram_dqm[0]
#SDRAM address
set_location_assignment PIN_169 -to sdram_addr[12]
set_location_assignment PIN_180 -to sdram_addr[11]
set_location_assignment PIN_203 -to sdram_addr[10]
set_location_assignment PIN_179 -to sdram_addr[9]
set_location_assignment PIN_176 -to sdram_addr[8]
set_location_assignment PIN_175 -to sdram_addr[7]
set_location_assignment PIN_173 -to sdram_addr[6]
set_location_assignment PIN_171 -to sdram_addr[5]
set_location_assignment PIN_170 -to sdram_addr[4]
set_location_assignment PIN_198 -to sdram_addr[3]
set_location_assignment PIN_199 -to sdram_addr[2]
set_location_assignment PIN_200 -to sdram_addr[1]
set_location_assignment PIN_201 -to sdram_addr[0]
#SDRAM data
set_location_assignment PIN_197 -to sdram_dq[15]
set_location_assignment PIN_195 -to sdram_dq[14]
set_location_assignment PIN_193 -to sdram_dq[13]
set_location_assignment PIN_192 -to sdram_dq[12]
set_location_assignment PIN_191 -to sdram_dq[11]
set_location_assignment PIN_189 -to sdram_dq[10]
set_location_assignment PIN_188 -to sdram_dq[9]
set_location_assignment PIN_187 -to sdram_dq[8]
set_location_assignment PIN_6 -to sdram_dq[7]
set_location_assignment PIN_8 -to sdram_dq[6]
set_location_assignment PIN_10 -to sdram_dq[5]
set_location_assignment PIN_11 -to sdram_dq[4]
set_location_assignment PIN_12 -to sdram_dq[3]
set_location_assignment PIN_13 -to sdram_dq[2]
set_location_assignment PIN_14 -to sdram_dq[1]
set_location_assignment PIN_15 -to sdram_dq[0]
```

　　实例 4-4 中将所有资源都列出来了。由于 LED 灯、数码管和液晶均有端口共用，复位键和按键有一个端口共用，所以在具体应用中，可根据使用的外设对上述代码进行裁剪。

　　执行菜单命令“Tools→Tcl Scripts”，在弹出的对话框中选择“pinset.tcl”，然后单击“Run”按钮，运行引脚锁定脚本文件，完成引脚锁定。

　　结合实例 4-4 对实例 4-1 的输入和输出指定引脚，然后进行综合、实现、生成配置文件、编程到开发板。下载到开发板后，可以观察到 LED 灯以 1 Hz 的频率闪烁。

任务 7　分频器设计

【任务描述】　本任务分为两个独立的子任务。

子任务一：实现参数型偶数分频；

子任务二：实现参数型 2^n 分频。

【知识点】　本任务需要学习以下知识点：

（1）偶数分频的原理和方法；

（2）2^n 分频的原理和方法。

4.3　分频器

在数字逻辑电路设计中，分频器是一种基本电路，通常用来对某个给定频率进行分频，以得到所需的频率。

4.3.1　偶数分频

偶数分频是最简单的一种分频模式，完全可通过计数器计数实现。如要进行 N 倍偶数分频，那么可由待分频的时钟触发计数器计数，当计数器从 0 计数到 $N/2-1$ 时，输出时钟进行翻转，并给计数器一个复位信号，使得下一个时钟从零开始计数，以此循环下去。这种方法可以实现任意的偶数分频。实例 4-5 给出的是一个参数型偶数分频电路，通过调用该模块可实现任意偶数分频。

实例 4-5　实现参数型偶数分频，占空比为 50%，并例化实现 10 分频和 12 分频。

```
module divf_even_top(clk,clk_12,clk_10);
    input clk;
    output clk_12,clk_10;
    // ----------------------------------------------//
    //调用偶数分频，实现 12 分频和 10 分频
    divf_even #(12) U1(.clk(clk),
                       .clk_N(clk_12));
    divf_even #(10) U2(.clk(clk),
                       .clk_N(clk_10));
endmodule
// ==============================================//
//参数型偶数分频模块
// ==============================================//
module divf_even(clk,clk_N);
    input clk;
    output reg clk_N;
    parameter N=6;
    integer p;
    always @(posedge clk) begin
```

扫一扫看
实现偶数
分频代码

```
        if(p==N/2-1) begin
            p=0;
            clk_N=~clk_N;
        end
        else p=p+1;
    end
endmodule
```

对于偶数分频，采用加法计数的方法，只是要对时钟的上升沿进行计数，这是因为输出波形的改变仅仅发生在时钟上升沿。实例 4-5 使用了一个计数器 p 对上升沿计数，计数计到一半时，控制输出时钟的电平取反，从而得到需要的时钟波形。

实例 4-5 中，divf_even 模块定义了一个参数化的偶数分频电路，并实现了一个 6 分频电路。顶层模块 divf_even_top 调用该模块并修改参数，实现了 12 分频和 10 分频。注意学习掌握在顶层模块中修改参数的方法。

divf_even_top 模块的仿真波形如图 4-1 所示。

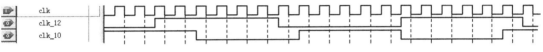

图 4-1 divf_even_top 模块的仿真波形

从图 4-1 可知，实例 4-5 正确实现了 10 分频和 12 分频。

4.3.2 2^n 分频

2^n 分频电路是偶数分频电路的特例，可以采用偶数分频的方法进行，但由于 2^n 的特殊性，2^n 分频更加便捷，如实例 4-6 所示。

实例 4-6 2^n 分频例 1。

```
module divf_2pow3(rst,clk,clk8);
    input rst,clk;
    output clk8;
    // ----------------------------------------------------//
    //调用 2^n 分频，实现 8 分频
    divf_2powN #(3) divf8(.rst(rst),
                .clk(clk),
                .clk_N(clk8));
endmodule
// ==================================================//
//参数型 2^n 分频模块
// ==================================================//
module divf_2powN(rst,clk,clk_N);
    input rst,clk;
    output clk_N;
    parameter N=2;
    reg[N-1:0] clkdiv;
```

扫一扫看
分频示例
代码

```
always @(posedge clk) begin
  if(rst) clkdiv<=0;
  else clkdiv<=clkdiv+1;
end
assign clk_N=clkdiv[N-1];
endmodule
```

模块 divf_2powN 中 N 定义为常整数 2，可实现 2 的 2 次幂分频，即 4 分频。模块 divf_2pow3 调用该模块，将参数 N 修改成了 3，实现 8 分频。

除了可以得到 2^N 分频外，还可以非常容易地得到 2^{N-1}，2^{N-2}，…，2^1 分频，只需多添加几条 assign 语句即可，如实例 4-7 所示。

实例 4-7 2^n 分频例 2。

```
module divf_2pow4(rst,clk,clk2,clk4,clk8,clk16);
  input rst,clk;
  output clk2,clk4,clk8,clk16;
  reg[3:0] clkdiv;
  always @(posedge clk)
    begin
      if(rst) clkdiv<=0;
      else clkdiv<=clkdiv+1;
    end
  assign clk2=clkdiv[0];        //2 分频
  assign clk4=clkdiv[1];        //4 分频
  assign clk8=clkdiv[2];        //8 分频
  assign clk16=clkdiv[3];       //16 分频
endmodule
```

扫一扫看
分频示例
代码

2^n 分频用途很广，所以在此对分频得到的频率值进行汇总，如表 4-1 所示，此表使用的输入频率为 50 MHz。后续项目若用到 2^n 分频，可以查此表。

表 4-1 关于 2^n 分频的说明

表 达 式	2^n 分频说明	计算步骤与结果（Hz）
clkdiv[0]	2^1 分频	50 M/2=25 M
clkdiv[1]	2^2 分频	50 M/4=12.5 M
clkdiv[2]	2^3 分频	50 M/8=6.25 M
clkdiv[3]	2^4 分频	50 M/16=3.125 M
clkdiv[4]	2^5 分频	50 M/32=1.562 5 M
clkdiv[5]	2^6 分频	50 M/64=781.25 k
clkdiv[6]	2^7 分频	50 M/128=390.625 k
clkdiv[7]	2^8 分频	50 M/256=195 k
clkdiv[8]	2^9 分频	50 M/512=97.66 k
clkdiv[9]	2^{10} 分频	50 M/1024=48.83 k

表　达　式	2^n 分频说明	计算步骤与结果（Hz）
clkdiv[10]	2^{11} 分频	50 M/2 048=24.41 k
clkdiv[11]	2^{12} 分频	50 M/4 096=12.21 k
clkdiv[12]	2^{13} 分频	50 M/8 192=6.10 k
clkdiv[13]	2^{14} 分频	50 M/(2^{14})=3.05 k
clkdiv[14]	2^{15} 分频	50 M/(2^{15})=1.53 k
clkdiv[15]	2^{16} 分频	50 M/(2^{16})=762.94
clkdiv[16]	2^{17} 分频	50 M/(2^{17})=381.45
clkdiv[17]	2^{18} 分频	50 M/(2^{18})=190.73
clkdiv[18]	2^{19} 分频	50 M/(2^{19})=95.37
clkdiv[19]	2^{20} 分频	50 M/(2^{20})=47.68
clkdiv[20]	2^{21} 分频	50 M/(2^{21})=23.84
clkdiv[21]	2^{22} 分频	50 M/(2^{22})=11.92
clkdiv[22]	2^{23} 分频	50 M/(2^{23})=5.96
clkdiv[23]	2^{24} 分频	50 M/(2^{24})=2.98
clkdiv[24]	2^{25} 分频	50 M/(2^{25})=1.49

表 4-1 中，clkdiv 是一个计数器，clkdiv[n-1]是指这个计数器的第 n-1 位。根据实际项目的需要，选定适用的频率后，可通过上面的表格查询得到 n，当然也可以计算求出。

分频器是十分有用的电路，在实际电路设计中，可能需要多种频率值，用本节介绍的方法基本上可以解决问题，同一设计中还有可能综合应用以上多种分频方法。在本书后续的应用设计中，要经常使用偶数分频和 2^n 分频这两种分频方法。

任务8　使用状态机实现 LED 流水灯设计

【任务描述】　本任务使用状态机实现 LED 灯的流水灯效果。具体要求是：4 个流水灯轮流点亮，每次仅亮一个灯，亮灯持续时间为 1 s。

【知识点】　本任务需要学习以下知识点：

（1）使用 Verilog 实现状态机的方法；

（2）状态机的几种常用编码方式：顺序编码、独热编码、直接输出型编码等；

（3）顺序编码、独热编码、直接输出型编码的区别与联系。

4.4　状态机建模

 扫一扫看
LED 流水
灯微视频

扫一扫看
LED 流水
灯教学课件

4.4.1　状态机

状态机一般包括组合逻辑和寄存器逻辑两部分。组合电路用于状态译码和产生输出信号，寄存器用于存储状态。状态机的下一个状态及输出不仅与输入信号有关，还与寄存器的当前状态有关。根据输出信号产生方法的不同，状态机可分为米里（Mealy）型和摩尔（Moore）型。前者的输出是当前状态和输入信号的函数，后者的输出仅是当前状态的函数。在进行硬件设计时，根据需要决定采用哪种状态机。

1. 状态机的 Verilog 实现

用 Verilog 语言描述有限状态机可使用多种风格，不同的风格会极大地影响电路性能。通常有 3 种描述方式：单 always 块、双 always 块和三 always 块。

单 always 块把组合逻辑和时序逻辑用同一个时序 always 块描述，其输出是寄存器输出，无毛刺。但是这种方式会产生多余的触发器，代码难以修改和调试，应该尽量避免使用。

双 always 块大多用于描述 Mealy 状态机和组合输出的 Moore 状态机，时序 always 块描述当前状态逻辑，组合逻辑 always 块描述次态逻辑并给输出赋值。这种方式结构清晰，综合后的面积和时间性能好。但组合逻辑输出往往会有毛刺，当输出向量作为时钟信号时，这些毛刺会对电路产生致命的影响。

三 always 块大多用于同步 Mealy 状态机，两个时序 always 块分别用来描述现态逻辑和对输出赋值，组合 always 块用于产生下一状态。这种方式的状态机也是寄存器输出，输出无毛刺，并且代码比单 always 块清晰易读，但是面积大于双 always 块。随着芯片资源和速度的提高，目前这种方式得到了广泛应用。

下面以三 always 块模块为例给出状态机的 Verilog 模板。

```verilog
// 状态寄存
always @(posedge clk)
    current_state <= next_state;
// 次态逻辑
always @ (*) begin
    case(current_state)
        S1: next_state = S2;
        S2: next_state = S1;
        default: next_state = S1;
    endcase
end
// 输出
always @ posedge clk ) begin
    case(current_state)
        S1: y=0;
        S2: y=1;
        default:
    endcase
end
```

2. 状态机编码方式

状态编码又称状态分配。通常有多种编码方法，编码方案选择得当，设计的电路可以简单；反之，电路会占用过多的逻辑或速度降低。设计时，须综合考虑电路复杂度和电路性能这两个因素。

下面讨论状态机的几种常用编码方式。

1）顺序编码

这种编码方式最为简单，且使用的触发器数量最少，剩余的非法状态最少，容错技术最为简单。以包含 3 个状态的状态机为例，只需要两个触发器。表 4-2 列出各种编码方式的比较，其中有顺序编码的例子。

表 4-2　编码方式

状态	顺 序 编 码	独 热 编 码	直接输出型编码 1	直接输出型编码 2
s0	00	0001	000	0001
s1	01	0010	001	0010
s2	10	0100	010	0100
s3	11	1000	100	1100

需要说明的是，顺序编码方式尽管节省了触发器，却增加了从一种状态向另一种状态转换的译码组合逻辑，而且从一个状态转换到相邻状态时，可能有多个比特位发生变化，瞬变次数多，易产生毛刺。这对于 FPGA 来说并不是最好的编码方式，因为 FPGA 的触发器资源丰富而组合逻辑资源相对较少。

2）独热编码

独热编码（One-Hot Encoding）方式就是用 n 个触发器来实现具有 n 个状态的状态机。状态机中的每一个状态都由其中一个触发器的状态表示，即当处于该状态时，对应的触发器为 "1"，其余的触发器为 "0"。对于具有 4 个状态的状态机，其独热编码见表 4-2。

需要说明的是，这种状态机的速度与状态的数量无关，仅取决于到某特定状态的转移数量，速度很快。当状态机的状态增加时，如果使用二进制编码，那么状态机速度会明显下降。而采用独热编码，虽然多用了触发器，但由于状态译码简单，节省和简化了组合逻辑电路。独热编码还具有设计简单、修改灵活、易于综合和调试等优点。对于寄存器数量多，而门逻辑相对缺乏的 FPGA 器件，采用独热编码可以有效提高电路的速度和可靠性，也有利于提高器件资源的利用率，通常是好的解决方案。

3）直接输出型编码

将状态码中的某些位直接输出作为控制信号，要求状态机各状态的编码做特殊的选择，以适应控制信号的要求，这种状态机称为状态码直接输出型状态机。此时，需要根据输出变量来定制编码，如表 4-2 中，列出了两种可用的直接输出型编码。

需要说明的是，直接输出型编码的优点是输出速度快，没有毛刺现象；缺点是程序可读性稍差，通常情况下用于状态译码的组合逻辑比其他以相同触发器数量构成的状态机多。

4）非法状态的处理

在状态机的设计中，使用各种编码尤其是独热编码后，通常会不可避免地出现大量剩余状态，即未定义的编码组合，这些状态在状态机的运行中是不需要出现的，通常称为非法状态。例如，含 3 个状态的状态机使用独热编码，则需要用到 3 位，这样除了 3 个有效状态 s0、s1、s2 外，还有 5 个非法状态，如表 4-3 所示。

表 4-3　非法状态

状　态	s0	s1	s2	N1	N2	N3	N4	N5
独热编码	001	010	100	011	101	110	111	000

在状态机的设计中，如果没有对这些非法状态进行合理的处理，在外界不确定的干扰下，或是随机上电的初始启动后，状态机都有可能进入不可预测的非法状态，其后果是有可能完全无法进入正常状态。因此，非法状态的处理是设计者必须考虑的问题之一。

处理的方法有两种：

（1）在语句中对每一个非法状态都做出明确的状态转换指示，如在原来的 case 语句中增加诸如以下的语句：

```
case(state)
    N1: state<=s0;
    N2: state<=s0;
    …
```

（2）利用 default 语句对未提到的状态做统一处理。

```
case(state)
    S0: state <= S1;
    …
    default: state <= S0;
endcase
```

由于剩余状态的次态不一定都指向状态 s0，所以可以使用方法一来分别处理每一个剩余状态的转向。

4.4.2　状态机建模实现 LED 流水灯

本节使用状态机实现 LED 灯的流水灯效果。

若状态机中的状态使用直接输出型编码，则该状态可直接用于控制 LED，如实例 4-8 所示。

实例 4-8　使用直接输出型编码，实现 4 个流水灯轮流点亮，每次仅亮一个灯（持续时间为 1 s）。

```
module led_run_1(clk,rst,led);
    input clk;
    input rst;
    //output reg[3:0] led;
    output[3:0] led;
    reg clk_1 Hz;
    reg[24:0] cnt;
    reg[3:0] state;
```

扫一扫看轮流点亮流水灯代码

```verilog
// -------------------------------------------------------//
//直接输出型编码,编码与灯的显示状态对应
parameter s0=4'b1000, s1=4'b0100, s2=4'b0010, s3=4'b0001;
// -------------------------------------------------------//
// 分频得到1 Hz
always @(negedge rst, posedge clk) begin
    if(!rst) begin
        cnt<=0;
        clk_1 Hz<=0;
    end
    else begin
        i f(cnt==25000000-1) begin
            cnt<=0;
            clk_1 Hz<=~clk_1 Hz;
        end
        else cnt<=cnt+1;
    end
end
// -------------------------------------------------------//
//状态转换
always @(negedge rst, posedge clk_1 Hz) begin
    if(!rst) state<=s0;
    else begin
        case(state)
            s0: state<=s1;
            s1: state<=s2;
            s2: state<=s3;
            s3: state<=s0;
            default: state<=s0;
        endcase
    end
end
// -------------------------------------------------------//
//灯控
assign led=~state;
endmodule
```

状态机中的状态编码也可以使用顺序编码或独热编码。使用顺序编码重写上例,此时要注意该状态不可直接用于控制 LED,而需要根据状态控制 LED 的输出,如实例 4-9 所示。请读者体会直接输出型编码和顺序编码两者的区别。

实例 4-9　使用顺序编码,实现 4 个流水灯轮流点亮,每次仅亮一个灯(持续时间为 1 s)。

扫一扫看轮流点亮流水灯代码

```verilog
module led_run_2(clk,rst,led);
    input clk;
```

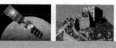

```
input rst;
output reg[3:0] led;
reg clk_1Hz;
reg[24:0] cnt;
reg[1:0] state;
// --------------------------------------------------------//
//顺序编码
parameter s0=2'b00, s1=2'b01, s2=2'b10, s3=2'b11;
// --------------------------------------------------------//
//分频
always @(negedge rst,posedge clk) begin
    if(!rst) begin
        cnt<=0;
        clk_1Hz<=0;
    end
    else begin
        if(cnt==25000000-1) begin
            cnt<=0;
            clk_1Hz<=~clk_1 Hz;
        end
        else cnt<=cnt+1;
    end
end
// --------------------------------------------------------//
//状态转换
always @( negedge rst,posedge clk_1 Hz) begin
    if(!rst) state<=s0;
    else begin
        case(state)
            s0: begin state<=s1; end
            s1: begin state<=s2; end
            s2: begin state<=s3; end
            s3: begin state<=s0; end
            default: state<=s0;
        endcase
    end
end
// --------------------------------------------------------//
//灯控
always @(state) begin
    case(state)
        s0: begin led<=4'b0111; end
        s1: begin led<=4'b1011; end
        s2: begin led<=4'b1101; end
        s3: begin led<=4'b1110; end
    endcase
```

```
    end
endmodule
```

实例 4-9 中，灯控部分的代码与实例 4-8 不同，实例 4-9 使用状态机实现灯的控制，而实例 4-8 则直接使用一条连续赋值语句实现灯控。通过这两个例子，可进一步体会直接输出型编码和顺序编码的区别与联系。

任务 9　使用层次建模实现 LED 流水灯设计

扫一扫看层次建模实现 LED 流水灯教学课件

【任务描述】　本任务使用层次建模实现 LED 流水灯效果。

具体要求：4 个流水灯轮流点亮，每次仅亮一个灯（持续时间为 1 s），状态机使用直接输出型编码，使用多模块，每个模块实现一个特定的功能。

【知识点】　本任务需要学习以下知识点：

（1）层次建模的方法；

（2）在模块实例化中两种模块调用的方法：位置映射法和信号映射法；

（3）层次建模端口连接规则；

（4）Quartus II 集成开发环境中 RTL Viewer、Chip Planner 等工具的使用方法。

4.5　层次建模

在用 Verilog 语言进行 RTL 建模时，适当地对要完成的模块进行划分是一个很好的建模习惯，在保证功能要求得到满足的前提下，能够使自己的代码容易理解和维护，并减少一些容易忽视的错误。另外，适当地划分模块可以提高代码的可读性，降低系统的复杂性，在大型系统的设计过程中尤为重要。

4.5.1　层次建模实现 LED 流水灯

本节使用层次建模实现 LED 流水灯效果。

根据完成的功能，将本设计划分成 3 个模块：一个分频模块、一个状态转换模块、一个显示模块。

分频模块将 50 MHz 的频率分频得到 1 Hz 的频率，该频率用于状态转换模块。

状态转换模块每秒钟变换一种状态，根据预先设定的流水灯效果来定义状态。

显示模块则根据当前的状态控制 LED 做相应的变化。

模块的划分以及模块间的连接关系如图 4-2 所示。

图 4-2　LED 电路模块及连接图

要实现图 4-2 各模块，可使用实例 4-10 所示代码。

实例 4-10 层次建模,使用 3 个模块,状态机使用直接输出型编码。

```verilog
module led_run_top(clk,rst,led);
    input clk;
    input rst;
    output[3:0] led;
    wire clk_1 Hz;
    wire[3:0] st;
    IP_1 Hz U1(.clk_50 MHz(clk),
            .rst(rst),
            .clk_1 Hz(clk_1 Hz));
    st_ctrl U2(.clk_1 Hz(clk_1 Hz),
            .rst(rst),
            .state(st));
    led_ctrl U3(.state(st),
            .led(led));
endmodule
// ========================================================//
//分频模块
// ========================================================//
module IP_1 Hz(clk_50 MHz,rst,clk_1 Hz);
    input clk_50 MHz;
    input rst;
    output reg clk_1 Hz;
    reg[24:0] cnt;
    always @(negedge rst,posedge clk_50M Hz) begin
        if(!rst) begin
            cnt<=0;
            clk_1 Hz<=0;
        end
        else begin
            if(cnt==25 000 000-1) begin
                cnt<=0;
                clk_1 Hz<=~clk_1 Hz;
            end
            else cnt<=cnt+1;
        end
    end
endmodule
// ========================================================//
//状态机转换模块
// --------------------------------------------------------//
module st_ctrl(clk_1 Hz,rst,state);
    input clk_1 Hz;
    input rst;
    output reg[3:0] state;
    parameter s0=4'b1000, s1=4'b0100, s2=4'b0010, s3=4'b0001;
```

```
always @(negedge rst, posedge clk_1 Hz) begin
    if(!rst) state<=s0;
    else begin
        case(state)
            s0: state<=s1;
            s1: state<=s2;
            s2: state<=s3;
            s3: state<=s0;
            default: state<=s0;
        endcase
    end
end
endmodule
// ========================================================//
//灯的控制模块
// ========================================================//
module led_ctrl(state,led);
    input[3:0] state;
    output[3:0] led;
    assign led=state;
endmodule
```

实例 4-10 中，由于使用的是直接输出型编码，所以灯的控制模块 led_ctrl 非常简单，该模块内仅有一条连续赋值语句。

由于 1 Hz 的频率经常使用，因此可做成 IP 核 "IP_1 Hz"，在模块名前冠以 IP，说明后续设计可能还会用到此模块。以后再用到此模块时，将直接调用该模块，不再给出该模块的 Verilog 代码。

4.5.2　层次建模端口连接规则

在模块实例化中，有两种模块调用的方法。

一种是位置映射法，严格按照模块定义的端口顺序来连接，不用注明原模块定义时规定的端口名，其语法为：

> 模块名 (连接端口 1 信号名, 连接端口 2 信号名, 连接端口 3 信号名,…);

使用位置映射时，需要注意每个端口的位置，如果没有信号连接到该端口，也需要使用一个空格代替。

另一种为信号映射法，即利用 "." 符号表明原模块定义时的端口名，其语法为：

> 模块名 (.端口 1 信号名(连接端口 1 信号名),
> 　　　　.端口 2 信号名(连接端口 2 信号名),
> 　　　　.端口 3 信号名(连接端口 3 信号名),…);

实例 4-10 中顶层模块使用了信号映射法，如实例 4-11 所示。

实例 4-11 使用信号映射的顶层模块。

```
module led_run_top(clk,rst,led);
    input clk;
    input rst;
    output[3:0] led;
    wire clk_1 Hz;
    wire[3:0] st;
    IP_1 Hz U1(.clk_50 MHz(clk),
            .rst(rst),
            .clk_1 Hz(clk_1 Hz));
    st_ctrl U2(.clk_1 Hz(clk_1 Hz),
            .rst(rst),
            .state(st));
    led_ctrl U3(.state(st),
            .led(led));
endmodule
```

顶层模块可以改写成位置映射，如实例 4-12 所示。

实例 4-12 使用位置映射的顶层模块。

```
module led_run_top(clk,rst,led);
    input clk;
    input rst;
    output[3:0] led;
    wire clk_1 Hz;
    wire[3:0] st;
    IP_1 Hz U1(clk, rst, clk_1 Hz);
    st_ctrl U2(clk_1 Hz, rst, st);
    led_ctrl U3(st, led);
endmodule
```

在实例 4-10 中，顶层模块使用实例 4-12 替代实例 4-11，可以得到同样的结果。

显然，信号映射法同时将信号名和被引用端口名列出来，不必严格遵守端口顺序，不仅降低了代码易错性，还提高了程序的可读性和可移植性。因此，在良好的代码中，应尽量避免使用位置映射法，建议全部采用信号映射法。

编写 Verilog 代码时，如果调用已存在的模块，就要正确使用端口连接规则。

当模块中调用其他模块时，端口之间的类型也必须遵守一些规则，图 4-3 对这些规则进行了总结。

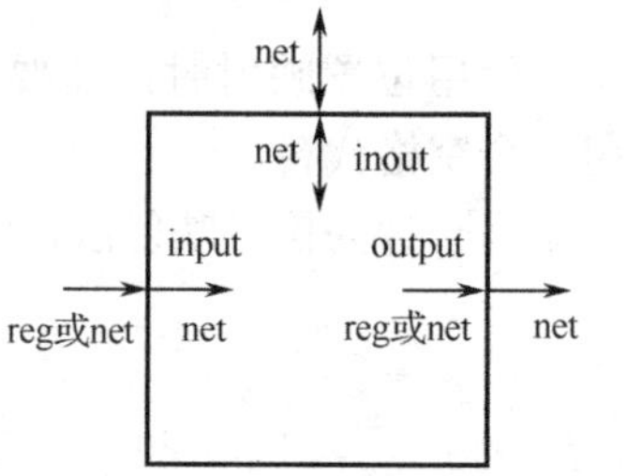

下面对图 4-3 进行说明：

（1）从模块内部来讲，输入端口（input）、输出端口（output）和输入输出端口（inout）必须满足以下规则：输入端口和输入输出端口必须为线

图 4-3　端口连接规则

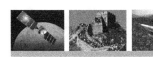

网（net）数据类型，输出端口可以是线网数据类型，也可以为寄存器（reg）数据类型。

（2）从模块外部来看，连接输入端口的变量可以是线网数据类型，也可以为寄存器数据类型，连接输出端口或者输入输出端口的变量必须是线网数据类型。

上述两点规则是一致的，可以这样来看，连接模块输入端口的变量可以看作其他某模块的输出，连接模块输出端口的变量可以看作其他某模块的输入，连接模块输入输出端口的变量可以看作其他某模块的输入输出。这样，就将上述两点规则联系了起来，模块外部的输入相当于其他模块的输出，可以是线网数据类型，也可以为寄存器（reg）数据类型；模块外部的输出相当于其他模块的输入，必须是线网数据类型。

4.5.3　使用 RTL Viewer

对工程完成综合后，设计者经常希望看到综合后的原理图，以分析综合结果是否与设想的设计一致，这样就会用到 RTL Viewer。尤其是使用多模块层次建模时，该工具更加常用。

打开 RTL Viewer 工具，可按图 4-4 指示的路径操作。

图 4-4　打开 RTL Viewer

打开 RTL Viewer 后可以看到实例 4-10 对应的电路图，如图 4-5 所示。

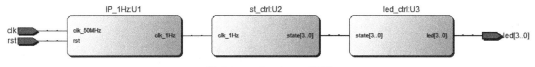

图 4-5　RTL Viewer 视图

RTL Viewer 视图非常清晰地表明了模块的划分以及模块间信号的连接，该功能常用来定位错误。如果模块或连线跟开发者预想的不一致，通常是顶层的端口连接出了问题。

4.5.4　使用 Chip Planner

在 Quartus II 的 Chip Planner 里可以查看当前使用资源的情况，也可以手动修改所使用资源的位置，并且还可以让 Quartus II 在重新布局时能保留这几个手动修改的资源。

打开 Chip Planner 工具的方法如图 4-6 所示。

打开 Chip Planner 后可以看到资源使用情况，如图 4-7 所示，其中深蓝色部分为已经使用的资源。

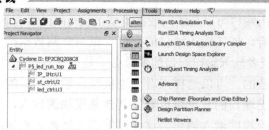

图 4-6　打开 Chip Planner

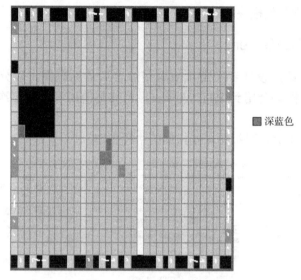

■ 深蓝色

图 4-7　Chip Planner 视图

放大上面深蓝色模块，可以看到红色部分，如图 4-8 所示，这部分为已用到的资源。

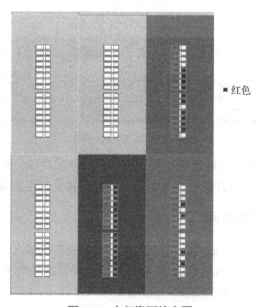

■ 红色

图 4-8　内部资源放大图

单击上面红色的模块，可以得到 FPGA 内部的结构图，如图 4-9 所示。

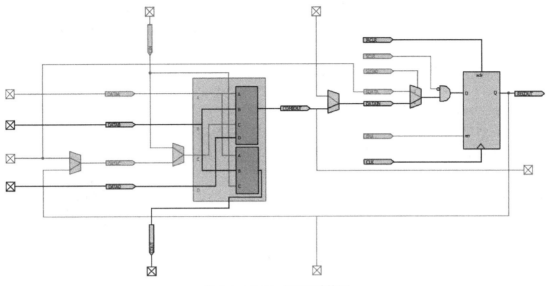

图 4-9　FPGA 内部的结构图

图 4-9 所示的资源为 FPGA 内部最基本的单元，包括 LUT 和触发器。其中，深色走线部分即为本设计已使用的资源。

知识小结

本章重点介绍了 LED 灯的控制练习，主要是学习开发流程、开发工具的使用、状态机的使用、层次化模块设计等内容，为后续章节应用项目的开发奠定坚实的基础。

本章重点介绍了以下项目的设计：

✓ 分频器是十分有用的电路，本章通过实例介绍了 2^n 分频、偶数分频的原理与实现方法。

✓ 有限状态机及其设计技术是实用数字系统设计中的重要组成部分，是实现高效率、高可靠性逻辑控制的重要途径。状态机的本质就是对具有逻辑顺序或时序规律事件的一种描述方法，"逻辑顺序"和"时序规律"，就是状态机所要描述的核心和强项，换言之，所有具有逻辑顺序和时序规律的数字系统都适合用状态机描述。

✓ 状态机可以采用多种形式实现，包括单进程、双进程、多进程。多进程状态机将次态译码、状态寄存器、输出译码等模块分别放到不同的 always 程序块中实现，这样做的好处不仅仅是便于阅读、理解、维护，更重要的是利于综合器优化代码，利于用户添加合适的时序约束条件，利于布局布线器实现设计。

✓ 编码方法有很多，包括顺序编码、独热编码、直接输出型编码等，每种方法各有其优缺点。在实际设计时，须综合考虑电路复杂度与电路性能之间的折中。在触发器资源丰富的 FPGA 设计中，采用独热编码既可以使电路性能得到保证，又可充分利用其触发器数量多的优势。采取直接输出型编码可以简化电路结构，提高状态机的

运行速度。

✓ 在模块实例化中，有两种模块调用的方法，一种是位置映射法，另一种为信号映射法。在良好的代码中，尽量避免使用位置映射法，建议全部采用信号映射法。

✓ 层次建模端口连接规则。从模块内部来讲，输入端口（input）、输出端口（output）和输入输出端口（inout）必须满足以下规则：输入端口和输入输出端口必须为线网（net）数据类型，输出端口可以是线网数据类型，也可以为寄存器（reg）数据类型。

✓ 介绍了各种类型的 LED 控制实验项目，同时还穿插介绍了 TCL Script、RTL Viewer、Chip Planner 等工具的使用。

习题4

扫一扫看
本章习题

1. 分频器

（1）使用某特定频率的信号去控制一个 LED 灯，通过实验验证，当频率大于何值时，由于人眼的视觉暂留现象，看起来的效果是灯常亮，看不出灯的闪烁。

提示： 约 40 Hz。

（2）通过分频得到 4 个不同频率的信号分别去控制 4 个灯闪烁。

（3）分频得到 3 个频率的信号（1 Hz、256 Hz、1 024 Hz）。以这 3 个频率作为多路选择器的 3 路输入，选择信号为两个按键，输出接至蜂鸣器。在开发板上验证时，通过按键选择不同的信号，体会蜂鸣器声音的不同。

（4）奇数分频：参数型奇数分频，要求占空比为 50%，并例化该模块实现 3 分频、5 分频和 7 分频。

提示： 奇数分频有多种实现方法，下面介绍常用的错位"异或"法的原理。对于实现占空比为 50%的 N 倍奇数分频，首先进行上升沿触发的模 N 计数，计数到某一选定值时进行输出时钟翻转，得到一个占空比为 50%的 N 分频时钟 clk1；然后在下降沿，经过与上面选定时刻相差$(N-1)/2$ 时刻，翻转另一个时钟，这样得到另一个占空比为 50%的 N 分频时钟 clk2，将 clk1 和 clk2 两个时钟异或运算，就得到了占空比为 50%的奇数 N 分频时钟。

（5）设计占空比可变的任意整数分频器。

提示： 对于占空比可变的分频器，这时需要设置两个参数，一个控制分频比，另一个控制占空比，从而得到需要的时钟波形。例如，可设置分频参数 $N=7$，占空比参数 $M=3$，得到占空比为 3/7 的 7 分频电路。

（6）设计占空比可变的任意小数分频器。

提示： 对于小数分频，先设计两个不同分频比的整数分频器，然后通过控制两种不同分频比出现的次数来实现。对于小数 N 可以转换成 M/P 的形式，其中 P 为 10^n（n 表示小数的位数）。例如，进行 2.6 分频时，可以进行 4 次 2 分频和 6 次 3 分频，这样 10 次分频的平均分频系数为：$(4\times2+6\times3)/(4+6)=2.6$ 分频，从而实现平均意义上的小数分频。根据小数分频原理，如果要进行 7.1 分频，则可以进行 9 次 7 分频和 1 次 8 分频，这样 10 次分频的平均分频系数为：$(9\times7+1\times8)/(9+1)=7.1$ 分频。

2. LED 控制

（1）控制两个 LED 灯闪烁，闪烁周期分别为 1 s 和 2 s。

（2）4 个流水灯轮流点亮，每次仅亮一个灯（持续时间为 1 s）。本章分别使用直接输出型编码、顺序编码进行了设计，请读者使用独热编码来完成设计。

（3）实现多模式程控流水灯。

功能：共 4 个 LED 灯，连成一排。要求实现几种灯的组合显示。具体要求如下：

① 模式 1：先奇数灯即第 1/3 灯亮 1 s，然后偶数灯即第 2/4 灯亮 1 s，依次类推。

② 模式 2：按照 1、2、3、4 的顺序依次点亮所有灯，间隔 1 s；然后再按 1、2、3、4 的顺序依次熄灭所有灯，间隔 1 s。

③ 模式 3：4 个 LED 灯同时亮，然后同时灭，间隔 1 s。

④ 以上模式可以通过按键来选择。在第 5 章学习了按键的使用后，再来完成此项功能。

第5章

FPGA 常用接口应用设计

扫一扫看
本章教学
课件

本章介绍数码管、按键、液晶、PS2 键盘、VGA 显示器的工作原理及应用,重点介绍以下应用项目:数码管的原理及显示控制、LCD 的原理及显示控制、VGA 的原理及显示控制、按键的消抖及应用、标准键盘的应用。具体项目包括:秒表计数器、数码管显示滚动信息、按键次数计数并显示、键控数码管在不同信息间的切换、液晶显示滚动信息、PS2 键盘应用、显示器显示彩带等项目。

本章的主要教学目标:学习常用接口的设计与应用,开发一些实用、有趣的项目,通过实践,最大限度地吸引学生的注意力,提升学生的学习兴趣。

任务 10　　数码管显示动态信息

扫一扫看
秒表计数
器微视频

【任务描述】　本任务分成两个独立的子任务。

子任务一:设计一个秒计数器,1 s 实现加 1 计数,计到 59 后再从 0 计数。要求:

(1)具有同步清零功能,使用 rst 按键实现;

(2)输出计数值使用两个数码管显示。

子任务二:在数码管上滚动显示一串数码,并且能循环显示。要求:

(1)在 4 个数码管上滚动显示一串数码 " -0123456789- ",两边是空格,显示到最后一个空格后,再从头开始循环滚动显示;

(2)复位后从信息起始处滚动显示。

【知识点】　本任务需要学习以下知识点:

(1)数码管显示原理;

（2）根据数码管显示原理得到通用的数码管显示 IP 核的方法；

（3）数码管显示 IP 核的应用方法；

（4）六十进制计数器的实现方法；

（5）使用移位寄存器实现信息滚动的方法。

 扫一扫看秒表计数器和数码管滚动显示信息教学课件

5.1　数码管应用设计

5.1.1　单数码管显示原理

数码管分为共阴极和共阳极两类，如图 5-1 所示。对于共阳极数码管来说，当数码管的输入为"11000000"时，则数码管的 8 个段 h、g、f、e、d、c、b、a 分别接 1、1、0、0、0、0、0、0；由于接有低电平的段发光，所以数码管显示"0"。

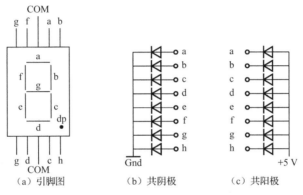

图 5-1　数码管及其电路

本教材依托的硬件平台使用的是共阳极数码管，根据数码管的显示原理，可以编制 Verilog 代码使共阳极数码管的 8 个段循环点亮。相应的代码如实例 5-1 所示。

实例 5-1　数码管 8 个段的循环点亮。

```
module smg_duan_run(clk,rst,duan,wei);
    input clk;
    input rst;
    output[7:0] duan;
    output[3:0] wei;
    wire clk_1Hz;
    // -------------------------------------------------------//
    //分频产生1Hz频率的模块调用
    IP_1Hz U1(.clk_50MHz(clk),
            .rst(rst),
            .clk_1Hz(clk_1Hz));
    // -------------------------------------------------------//
    //8段轮流点亮
    reg[7:0] state;
    parameter s0=8'b11111110,
```

扫一扫看数码管点亮代码

```
                s1=8'b11111101,
                s2=8'b11111011,
                s3=8'b11110111,
                s4=8'b11101111,
                s5=8'b11011111,
                s6=8'b10111111,
                s7=8'b01111111;
    always@(posedge clk_1Hz,negedge rst) begin
        if(!rst) state<=s0;
        else begin
            case(state)
                s0: state<=s1;
                s1: state<=s2;
                s2: state<=s3;
                s3: state<=s4;
                s4: state<=s5;
                s5: state<=s6;
                s6: state<=s7;
                s7: state<=s0;
                default: state<=s0;
            endcase
        end
    end
    // ----------------------------------------------------------//
    // 控制段和位
    assign duan=state;
    assign wei=4'b0000;  //4 个数码管同时点亮
endmodule
```

结合实例 4-4 对本设计的输入和输出指定引脚，然后进行综合、实现、生成配置文件、编程到开发板。下载到开发板后，可以观察到数码管的 8 个段循环点亮，切换频率为 1 Hz。

数码管通常用于显示十六进制数码，即 0～F。为了后续方便使用数码管，结合共阳极数码管的显示原理，可将与 0～F 相对应的段码信号预先列出来，如实例 5-2 所示。

实例 5-2　数码管的译码 1：0～F。

```
module smg_dec1(data,duan);
input[3:0] data;
output reg[7:0] duan;
always@(data)
  case(data)
    4'b0000: duan=8'b00111111; //0
    4'b0001: duan=8'b00000110; //1
    4'b0010: duan=8'b01011011; //2
    4'b0011: duan=8'b01001111; //3
```

扫一扫看
数码管译
码代码

```
    4'b0100: duan=8'b01100110; //4
    4'b0101: duan=8'b01101101; //5
    4'b0110: duan=8'b01111101; //6
    4'b0111: duan=8'b00000111; //7
    4'b1000: duan=8'b01111111; //8
    4'b1001: duan=8'b01101111; //9
    4'b1010: duan=8'b01110111; //A
    4'b1011: duan=8'b01111100; //B
    4'b1100: duan=8'b00111001; //C
    4'b1101: duan=8'b01011110; //D
    4'b1110: duan=8'b01111001; //E
    4'b1111: duan=8'b01110001; //F
    default: duan=8'b00111111; //默认为0
  endcase
endmodule
```

当使用两个或多个数码管时，常用于显示十进制数。对于十进制数，高位若都为 0，通常不希望高位显示 0，也就是说希望高位数码管不显示。对于实例 5-2，代码稍做修改，可以设定数码管的高位均为 0 时不显示，如实例 5-3 所示。

实例 5-3　数码管的译码 2: 0～E 显示，F 不显示。

```
module smg_dec2(data,duan);
input[3:0] data;
output reg[7:0] duan;
always@(data)
  case(data)
    4'b0000: duan=8'b00111111; //0
    4'b0001: duan=8'b00000110; //1
    4'b0010: duan=8'b01011011; //2
    4'b0011: duan=8'b01001111; //3
    4'b0100: duan=8'b01100110; //4
    4'b0101: duan=8'b01101101; //5
    4'b0110: duan=8'b01111101; //6
    4'b0111: duan=8'b00000111; //7
    4'b1000: duan=8'b01111111; //8
    4'b1001: duan=8'b01101111; //9
    4'b1010: duan=8'b01110111; //A
    4'b1011: duan=8'b01111100; //B
    4'b1100: duan=8'b00111001; //C
    4'b1101: duan=8'b01011110; //D
    4'b1110: duan=8'b01111001; //E
    4'b1111: duan=8'b00000000; //F,"不显示"
    default: duan=8'b00111111; //默认为0
  endcase
endmodule
```

扫一扫看
数码管译
码代码

除了十六进制数码外，数码管还可以显示一些字符（如"-"），因此，数码管的译码部分还有可能根据实际项目的需要进行修改。

5.1.2　多数码管显示原理

图 5-2 所示是 8 位数码扫描显示电路，其中每个数码管的 8 个段 h、g、f、e、d、c、b、a（h 是小数点）都分别连在一起，8 个数码管分别由 8 个选通信号 K1～K8 来选择。被选通的数码管显示数据，其他的关闭。如在某一时刻，K1 为低电平，K2～K8 为高电平，这时仅 K1 对应的数码管显示来自段信号端的数据，而其他数码管则不显示。因此，如果希望在 8 个数码管显示不同的数据，就必须使得 8 个选通信号 K1～K8 轮流被单独选通，同时，在段信号输入口加上希望在对应数码管上显示的数据，于是随着选通信号的变化，就能实现扫描显示的目的。当扫描频率较低时，可以看到数码管轮流显示的效果；当扫描频率较高时，由于人眼的视觉暂留现象，看到的将是 8 个数码管同时稳定地显示。

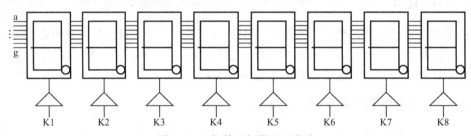

图 5-2　8 位数码扫描显示电路

对于数码管动态扫描显示原理，以 4 位数码管为例进行说明，如图 5-3 所示。从图中可以看出，要保证数码管稳定地显示数据，则要求刷新周期为 1～16 ms，这意味着刷新频率为 1 kHz～60 Hz。

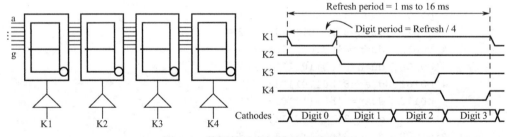

图 5-3　数码管动态扫描显示原理图

事实上，经过实测，使数据稳定显示在一个数码管上的方波频率可以低至约 50 Hz，请读者自行试验。

5.1.3　数码管显示 IP 核

使用约 50 Hz 频率的方波信号可以使数据稳定显示在一个数码管上。同理，使用约 100 Hz 的频率可以使数据稳定显示在两个数码管上，使用约 200 Hz 的频率可以使数据稳定显示在 4 个数码管上，使用约 400 Hz 的频率可以使数据稳定显示在 8 个数码管上。

根据多数码管的显示原理，可以编制数码管显示 IP 核，供将来实际项目使用。实例 5-4～

实例 5-6 分别针对两个、4 个及 8 个数码管的应用场合编制了相应的 IP 核。

实例 5-4　两个数码管的显示 IP 核，供使用两个数码管的项目调用。

```verilog
module IP_smg_dsp(clk,rst,dat,duan,wei);
    input clk;
    input rst;
    input[7:0] dat;
    output[7:0] duan;
    output reg[1:0] wei;
    // -------------------------------------------------------//
    //50MHz 经过 2^n 分频得到 95 Hz
    reg[18:0] clkdiv;
    wire clk_95Hz;
    assign clk_95Hz=clkdiv[18];
    always @(posedge clk,negedge rst) begin
        if(!rst) clkdiv<=0;
        else clkdiv<=clkdiv+1;
    end
    // -------------------------------------------------------//
    //两个显示状态的控制
    reg sel;
    always@(posedge clk_95Hz,negedge rst)
        if(!rst) sel<=0;
        else sel<=~sel;
    // -------------------------------------------------------//
    //两个数码管显示的实现
    reg[3:0] dsp;
    always @(sel,dat) begin
        if(sel) begin
            wei<=2'b10;
            dsp<=dat[3:0];
        end
        else begin
            wei<=2'b01;
            dsp<=dat[7:4];
        end
     end
    // -------------------------------------------------------//
    //数据的显示，调用译码模块
    smg_dec1 U0(.data(dsp),.duan(duan));
endmodule
```

扫一扫看数码管显示代码

实例 5-4 中，dat 位宽为 8 位，wei 位宽为 2 位，中间变量 sel 位宽为 1 位，显示频率为 95 Hz。在使用多于两个数码管的显示中，这些变量均需要做更改。

实例 5-5 4 个数码管的显示 IP 核，供使用 4 个数码管的项目调用。

```verilog
module IP_smg4_dsp(clk,rst,dat,duan,wei);
    input clk;
    input rst;
    input[15:0] dat;
    output[7:0] duan;
    output reg[3:0] wei;
    // ----------------------------------------------------------//
    //50 MHz 经过 2^n 分频得到 190 Hz
    reg[17:0] clkdiv;
    wire clk_190Hz;
    assign clk_190Hz=clkdiv[17];
    always @(posedge clk,negedge rst) begin
        if(!rst) clkdiv<=0;
        else clkdiv<=clkdiv+18'd1;
    end
    // ----------------------------------------------------------//
    //4 个显示状态的控制
    reg[1:0] sel;
    always@(posedge clk_190Hz,negedge rst)
        if(!rst) sel<=0;
        else sel<=sel+2'd1;
    // ----------------------------------------------------------//
    //4 个数码管显示的实现
    reg[3:0] dsp;
    always @(sel,dat) begin
        case(sel)
            2'b00: begin
                wei<=4'b1110;
                dsp<=dat[3:0];
            end
            2'b01: begin
                wei<=4'b1101;
                dsp<=dat[7:4];
            end
            2'b10: begin
                wei<=4'b1011;
                dsp<=dat[11:8];
            end
            2'b11: begin
                wei<=4'b0111;
                dsp<=dat[15:12];
            end
        endcase
    end
```

```
// --------------------------------------------------------//
//数据的显示，调用译码模块
smg_dec1 U0(.data(dsp),..duan(duan));
endmodule
```

与两个数码管显示的原理相同，4 个数码管显示代码中仅以下几个方面有所变化：dat 位宽由 8 位变成 16 位，wei 位宽由 2 位变成了 4 位，中间变量 sel 位宽由 1 位变成了 2 位，显示频率由 95 Hz 变成了 190 Hz。

实例 5-6　8 个数码管的显示 IP 核，供使用 8 个数码管的项目调用。

```
module IP_smg8_dsp(clk,rst,dat,duan,wei);
    input clk;
    input rst;
    input[31:0] dat;
    output[7:0] duan;
    output reg[7:0] wei;
    // --------------------------------------------------------//
    //50M Hz 经过 2^n 分频得到 380 Hz
    reg[16:0] clkdiv;
    wire clk_380Hz;
    assign clk_380Hz=clkdiv[16];
    always @(posedge clk,negedge rst) begin
        if(!rst) clkdiv<=0;
        else clkdiv<=clkdiv+1;
    end
    // --------------------------------------------------------//
    //8 个显示状态的控制
    reg[2:0] sel;
    always@(posedge clk_380Hz,negedge rst)
        if(!rst) sel<=0;
        else sel<=sel+1;
    // --------------------------------------------------------//
    //8 个数码管显示的实现
    reg[3:0] dsp;
    always @(sel,dat) begin
        case(sel)
            3'b000: begin
                wei<=8'b11111110;
                dsp<=dat[3:0];
            end
            3'b001: begin
                wei<=8'b11111101;
                dsp<=dat[7:4];
            end
            3'b010: begin
                wei<=8'b11111011;
```

扫一扫看
数码管显
示代码

```
                    dsp<=dat[11:8];
                end
                3'b011: begin
                    wei<=8'b11110111;
                    dsp<=dat[15:12];
                end
                3'b100: begin
                    wei<=8'b11101111;
                    dsp<=dat[19:16];
                end
                3'b101: begin
                    wei<=8'b11011111;
                    dsp<=dat[23:20];
                end
                3'b110: begin
                    wei<=8'b10111111;
                    dsp<=dat[27:24];
                end
                3'b111: begin
                    wei<=8'b01111111;
                    dsp<=dat[31:28];
                end
            endcase
        end
        // ------------------------------------------------------//
        //数据的显示，调用译码模块
        smg_dec1 U0(.data(dsp),.duan(duan));
    endmodule
```

与两个数码管显示的原理相同，8 个数码管显示代码中仅以下几个方面有所变化：dat 位宽由 8 位变成 32 位，wei 位宽由 2 位变成了 8 位，中间变量 sel 位宽由 1 位变成了 3 位，显示频率由 95 Hz 变成了 380 Hz。

对一般的应用设计来说，使用数码管的数量是不确定的，根据前文介绍的数码管显示原理及示例代码，读者应该可以编写出与实际数码管数量一致的 IP 核，供应用系统调用。

数码管应用示例 1：秒计数器设计

本设计为一个秒计数器，1 s 实现加 1 计数，计到 59 后再从 0 计数。

秒计数器可划分成 3 个模块予以实现，3 个模块的连接关系如图 5-4 所示。IP_1 Hz 模

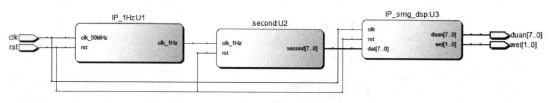

图 5-4　秒计数器模块划分

块的作用是将 50 MHz 的频率分频得到 1 Hz 信号；模块 second 对 1 Hz 计数，得到秒计时信息；IP_smg_dsp 模块用于在数码管中显示秒计时信息。

实现图 5-4 中的模块，代码如实例 5-7 所示。

实例 5-7　秒计数器。

```verilog
module second_top(clk,rst,duan,wei);
    input clk;
    input rst;
    output[7:0] duan;
    output[1:0] wei;
    wire clk_1Hz;
    wire[7:0] disp;
    IP_1Hz U1(.clk_50MHz(clk),
                .rst(rst),
                .clk_1Hz(clk_1Hz));
    second U2(.clk_1Hz(clk_1Hz),
                .rst(rst),
                .second(disp));
    IP_smg_dsp U3(.clk(clk),
                .rst(rst),
                .dat(disp),
                .duan(duan),
                .wei(wei));
endmodule
// ====================================================//
//秒计时模块
// ====================================================//
module second(clk_1Hz,rst,second);
    input clk_1Hz;
    input rst;
    output[7:0] second;
    // ----------------------------------------------------//
    //将秒的个位和十位整合成秒
    reg[3:0] S_H,S_L;
    assign second={S_H,S_L};
    // ----------------------------------------------------//
    //秒的个位
    reg clk_SH;        //十位的进位标志
    always@(negedge rst,posedge clk_1Hz) begin
        if(!rst) begin
            S_L<=0;
            clk_SH<=0;
        end
        else begin
            if(S_L==9) begin
```

扫一扫看
秒表计数
器代码

```
                        S_L<=0;
                        clk_SH<=1;
                end
                else begin
                        S_L<=S_L+1;
                        clk_SH<=0;
                end
            end
        end
        // --------------------------------------------------------//
        //秒的十位
        always@(negedge rst, posedge clk_SH) begin
            if(!rst) S_H<=0;
            else begin
                if(S_H==5) S_H<=0;
                else S_H<=S_H+1;
            end
        end
    endmodule
```

实例 5-7 中实现了一个六十进制计数器，个位和十位分别处理，请读者结合代码体会六十进制计数器的实现方法

以"IP_"冠名的模块不再给出代码，请读者翻阅前面的章节查找相应的代码并补充完善实例 5-7。后续的项目应用中，若使用"IP_"冠名的模块，处理办法与此例相同。

结合实例 4-4 对本设计的输入和输出指定引脚，然后进行综合、实现、生成配置文件、编程到开发板。观察数码管显示的变化，并结合秒计数器的功能来理解这种现象。

数码管应用示例 2：数码管滚动显示信息

本设计实现在数码管上循环滚动显示一串数码" -0123456789- "。

本设计规划了两个模块予以实现，两个模块的连接关系如图 5-5 所示。模块 U1 完成信息在存储器的循环移动，它首先将 50 MHz 分频得到 3 Hz，然后用于循环移动显示信息，每次移动 4 位；模块 U2 则完成信息在数码管上的显示，每次仅显示信息存储器的最高 4 个数码。通过模块 U1 和 U2，就可以实现滚动显示信息的目的。

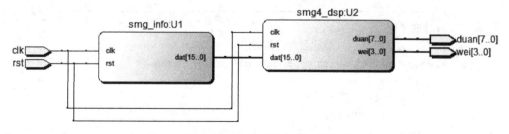

图 5-5　数码管滚动显示信息项目模块划分

实现图 5-5 中的模块，实现代码如实例 5-8 所示。

实例 5-8　数码管滚动显示信息。

```verilog
module smg_info_scroll(clk,rst,duan,wei);
    input clk;
    input rst;
    output[7:0] duan;
    output[3:0] wei;
    wire[15:0] dat;
    // --------------------------------------------------------//
    //产生可以在 4 个数码管上显示的信息
    smg_info U1(.clk(clk),
                .rst(rst),
                .dat(dat));
    // --------------------------------------------------------//
    //送数码管显示
    smg4_dsp U2(.clk(clk),
                .rst(rst),
                .dat(dat),
                .duan(duan),
                .wei(wei));
endmodule
// ========================================================//
//信息产生模块：产生可以在 4 个数码管上显示的信息
// ========================================================//
module smg_info(clk,rst,dat);
    input clk;
    input rst;
    output[15:0] dat;
    // --------------------------------------------------------//
    //分频得到 3Hz
    wire clk_3Hz;
    reg[23:0] clkdiv=0;
    always @(posedge clk,negedge rst)
        if(!rst) clkdiv<=0;
        else clkdiv<=clkdiv+1;
    assign clk_3Hz=clkdiv[23];     //2^24 分频，约 3 Hz
    // --------------------------------------------------------//
    //通过移位寄存器生成滚动信息
    //待显示信息为" -0123456789- "，两边有两个空格
    reg[0:55] msg;
    parameter phone_no=56'hFD0123456789DF;  //其中，D 显示为-，F 则不显示
    always @(posedge clk_3Hz, negedge rst)
        if(!rst) msg<=phone_no;
        else begin
            msg[0:51]<=msg[4:55];
            msg[52:55]<=msg[0:3];
```

```
        end
    // ------------------------------------------------------------//
    //从信息中截取最开始的 4 位数字
    assign dat=msg[0:15];
endmodule
// ============================================================//
//显示模块
//此显示模块与 IP_smg4_dsp 的区别仅在于显示译码模块
// ============================================================//
module smg4_dsp(clk,rst,dat,duan,wei);
    input clk;
    input rst;
    input[15:0] dat;
    output reg[7:0] duan;
    output reg[3:0] wei;
    // ------------------------------------------------------------//
    //50 MHz 经过 2^n 分频得到 190 Hz
    reg[17:0] clkdiv;
    wire clk_190Hz;
    assign clk_190Hz=clkdiv[17];
    always @(posedge clk,negedge rst) begin
        if(!rst) clkdiv<=0;
        else clkdiv<=clkdiv+18'd1;
    end
    // ------------------------------------------------------------//
    //4 个显示状态的控制
    reg[1:0] sel;
    always@(posedge clk_190Hz,negedge rst)
        if(!rst) sel<=0;
        else sel<=sel+2'd1;
    // ------------------------------------------------------------//
    //4 个数码管显示的实现
    reg[3:0] dsp;
    always @(sel,dat) begin
        case(sel)
            2'b00: begin
                wei<=4'b1110;
                dsp<=dat[3:0];
            end
            2'b01: begin
                wei<=4'b1101;
                dsp<=dat[7:4];
            end
            2'b10: begin
                wei<=4'b1011;
                dsp<=dat[11:8];
```

```
              end
          2'b11: begin
                 wei<=4'b0111;
                 dsp<=dat[15:12];
              end
       endcase
   end
// -----------------------------------------------------------//
   //段数据译码
always @(*)
case(dsp)
       0: duan=8'b11000000;
       1: duan=8'b11111001;
       2: duan=8'b10100100;
       3: duan=8'b10110000;
       4: duan=8'b10011001;
       5: duan=8'b10010010;
       6: duan=8'b10000010;
       7: duan=8'b11111000;
       8: duan=8'b10000000;
       9: duan=8'b10010000;
      10: duan=8'b10001000;
      11: duan=8'b10000011;
      12: duan=8'b11000110;
      13: duan=8'b10111111;            //画线-
      14: duan=8'b10000110;
      15: duan=8'b11111111;            //空白
      default: duan=8'b11000000;       //默认为 0
   endcase
endmodule
```

　　本项目的核心是 smg_info 模块，该模块通过移位寄存器产生显示信息，需要重点理解和掌握。

　　本例使用的数码管显示模块 smg4_dsp 与前面的 IP_smg4_dsp 基本相似，仅将译码部分进行了修改，请读者仔细体会。由此可见，对于使用数码管显示信息的场合，如果需要显示特殊字符，通常都需要重新改写译码部分。

　　结合实例 4-4 对本设计的输入和输出指定引脚，然后进行综合、实现、生成配置文件、编程到开发板。下载到开发板后，可观察到设定的信息在数码管中滚动显示；若按动复位按键，则从头开始滚动显示信息。

任务 11　键控数码管显示信息

扫一扫看
按键计数
微视频

【任务描述】　本任务分成两个独立的子任务。

　　子任务一：完成一个按键计数并显示计数值的功能。具体要求是：按一次 KEY0，按键次数加 1，并使用两个数码管以十进制码的形式显示计数值；两个数码管的计数最大值为 99，当高位为 0 时，要求相应的高位数码管不显示。

子任务二：实现键控数码管在 4 种信息间切换：1A→77→2B→88。首先数码管显示 1A，第一次按动按键 KEY0，则显示 77，再次按动按键 KEY0，则显示 2B，第三次按动按键 KEY0，则显示 88，再次按动按键 KEY0，又显示 1A，依次类推，循环显示。

【知识点】 本任务需要学习以下知识点：

（1）按键原始状态的检测方法；

（2）按键消抖原理；

（3）根据按键消抖原理，得到按键消抖 IP 核的方法；

（4）按键消抖 IP 核的应用方法；

（5）当十进制数高位全为 0 时，在数码管中不显示高位的方法；

（6）通过按键控制数码管显示不同信息的方法。

扫一扫看信息切换微视频

扫一扫看按键计数和信息切换教学课件

5.2 按键应用设计

5.2.1 按键状态检测

按键状态包括初始状态和抖动状态。初始状态是指按键未按下时的状态是高电平还是低电平；抖动状态是指按键按下或释放时是否存在抖动。

检测按键原始状态，可使用实例 5-9 所示代码。

实例 5-9 检测按键原始状态的 Verilog 代码。

```
module key_state(key0,led0);
    input key0;
    output led0;
    assign led0=key0;
endmodule
```

扫一扫看检测按键状态代码

结合实例 4-4 对本设计的输入和输出指定引脚，然后进行综合、实现、生成配置文件、编程到开发板。下载到开发板后，可以看到 LD0 不亮，当按下 KEY0 时，LD0 亮。

由于 LD0 是接低电平才亮，根据实验结果可知，按键的原始状态为高电平，也就是说，按键在没有按下时是与 VCC 相连接的。

判断按键操作时是否有抖动，可通过按键的上升沿计数来计算抖动次数。由于按键初始状态是低电平，当按下并释放按键时，读取按键信号会有上升沿，如果存在抖动，则上升沿次数会大于 1，由此可判断是否有抖动，同时也可以得出抖动次数。实现代码如实例 5-10 所示。

实例 5-10 判断按键抖动，通过上升沿计数来计算抖动次数。

```
module key_bounce(key0,led);
    input key0;
    output[5:0] led;
    reg[5:0] led_r=0;
```

扫一扫看判断按键抖动代码

```
    always@(posedge key0)
        led_r<=led_r+1;
    assign led=~led_r;
endmodule
```

结合实例 4-4 对本设计的输入和输出指定引脚，再进行综合、实现、生成配置文件、编程到开发板。下载到开发板后，当按一次（包括按下去并释放）按键后，可以看到 LED 灯进行加 N 计数，其中 N 为不确定数。

根据实验结果可知，开发板的按键有抖动，因此在使用按键时需要进行相应处理。

同样，使用实例 5-10 测试从市场上购买的几块不同型号的开发板，发现这几块开发板上的按键大部分都存在抖动，而且每块开发板上按键抖动的次数不一样，即使是同一块开发板，每次按键时产生的抖动也不一样。

由此得出结论：由于大部分开发板，按键按下时都会有抖动，因此本书下面介绍按键消抖的基本原理及基本方法，并且在后续项目中若使用到了按键，都首先对按键进行消抖处理后再使用。

5.2.2　按键消抖基本原理

为了保证键每闭合一次 FPGA 仅做一次处理，必须去除键按下时和释放时的抖动。开发板使用的按键是触点式的，如图 5-6 所示。由于按键是机械触点，当机械触点断开、闭合时，会有抖动，FPGA 输入端的波形如图 5-7 所示。

图 5-6　机械触点按键

图 5-7　FPGA 输入端的波形

图 5-7 中的这种抖动对于人来说是感觉不到的，但对 FPGA 来说，由于 FPGA 的处理速度是在纳秒级，而机械抖动的时间至少是毫秒级，因此这种抖动是一个"漫长"的时间。

对于按键存在的抖动，如果在抖动过程中高低电平的状态没发生变化，则这个抖动是不需要考虑的。但是，如果在抖动过程中高低电平状态发生了变化甚至是频繁变化，则这个抖动就要消除，下文所提到的抖动就是这种类型的抖动。

为使 FPGA 能正确地读出按键的状态，对每一次按键只做一次响应，就必须考虑如何去除抖动，常用的去抖动的方法有两种：硬件方法和软件方法。FPGA 设计中，常用软件法去抖，因此对于硬件方法在此不做介绍。

软件法去抖其实很简单，按键初始状态为低电平，当 FPGA 获得键值为 1 的信息后，不是立即认定按键已被按下，而是延时 10 ms 或更长一些时间后再次检测按键，如果仍为低，说明按键的确按下了，这实际上是避开了按键按下时的抖动时间。而在检测到按键释放后再延时约 10 ms，消除后沿的抖动，然后再对键值进行处理。当然，实际应用中，按键的质量也是千差万别，要根据按键的不同，来设定这个延时时间，这个延时时间不会太短，通常设为 5～20 ms。

实例 5-11 使用软件法去抖是在上述去抖原理的基础上，做了些许改进。具体做法是：将按键信息延时 3 次、取样 3 次，每次延时取样间隔约 20 ms，当这 3 个取样值都一样时，说明抖动已消失；如果 3 个取样值不一样，说明抖动存在，直至这 3 个取样值一样时，才认为按键稳定。将这 3 个取样值相与后得到的信号作为按键的状态，这个按键状态可作为真实的按键操作进行后续的处理。

实例 5-11 对单个按键的消抖处理。

```verilog
module key0_debounce(clk_50 Hz,rst,key0,keydeb);
    input clk_50Hz;      //为了去抖动，此处频率为 50 Hz，周期约为 20 ms
    input rst;
    input key0;
    output keydeb;
    reg key_r,key_rr,key_rrr;
    // -------------------------------------------------------//
    //注意，这里延时了 3 次，约 60 ms
    always@(negedge rst, posedge clk_50Hz) begin
        if(!rst) begin
            key_rrr<=0;
            key_rr<=0;
            key_r<=0;
        end
        else begin
            key_rrr<=key_rr;
            key_rr<=key_r;
            key_r<=key0;
        end
    end
    assign keydeb = key_r & key_rr & key_rrr;
endmodule
```

扫一扫看
按键消抖
处理代码

对实例 5-11 进行仿真，testbench 如实例 5-12 所示。

实例 5-12 模块 key0_debounce 的 testbench。

```verilog
`timescale 1ms / 1ms
module key0_debounce _test;
    // Inputs
    reg clk_50Hz;
    reg key;
    reg rst;
    // Outputs
    wire keydeb;
    // Instantiate the Unit Under Test (UUT)
    key0_debounce uut (
        .clk_50Hz(clk_50Hz),
        .rst(rst),
        .key0(key),
        .keydeb(keydeb)
```

扫一扫看
testbench
代码

```
    );
    initial begin
        clk_50Hz = 0;
        forever
        #10 clk_50Hz = ~clk_50Hz;
    end
    initial begin
        rst = 1;
        #15 rst = 0;
        #10 rst = 1;
    end
    initial begin
        key = 1;
        #30 key = 0;
        #18 key = 1;
        #7 key = 0;
        #10 key = 1;
        #200 key = 0;
        #15 key = 1;
        #8 key = 0;
        #15 key = 1;
        #12 key = 0;
        #15 key = 1;
    end
endmodule
```

运行实例 5-12，仿真结果如图 5-8 所示。

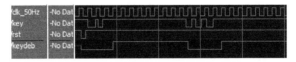

图 5-8　实例 5-12 的仿真结果

由图 5-8 可以看出，输入信号模拟了两次按键输入，其中第二次按键输入变成了一个单脉冲输入。注意，在后续使用按键时，该单脉冲可理解成按键操作。从图 5-8 还可以看出，有时按键速度过快，按键有可能会来不及反应，如图 5-8 仿真模拟的第一次按键输入，这种情况在实际操作中也时有发生。

后续项目常用到按键，因此将按键的消抖做成了参数化的 IP 模块，其中按键个数为参数，如实例 5-13 所示，可以根据按键的个数调用该 IP 模块。

实例 5-13　多个按键同时进行消抖处理。

```
module IP_key_debounce(clk,rst,key,keydeb);
    input clk;
    input rst;
    input[N-1:0] key;
    output[N-1:0] keydeb;
```

 扫一扫看
按键消抖
处理代码

```
// ------------------------------------------------------------//
//定义按键个数的参数。修改此参数，可分别实现对 1、2、3、4 个按键的消抖
parameter N=4;
// ------------------------------------------------------------//
//50 MHz 经过 2^n 分频得到 48 Hz，周期约为 20 ms，可以满足按键去抖的需要
reg[19:0] clkdiv;
wire clk_48Hz;
assign clk_48Hz=clkdiv[19];
always @(posedge clk,negedge rst) begin
    if(!rst) clkdiv<=0;
    else clkdiv<=clkdiv+1;
end
// ------------------------------------------------------------//
//按键消抖
//注意，这里延时了 3 次，约 60 ms，可以完全消抖
//如果不用 key_rrr，只延时两次，则可能消抖不充分，本开发板就有这种情况
    reg[3:0] key_r,key_rr,key_rrr;
    always@(negedge rst, posedge clk_48Hz)  begin
        if(!rst) begin
            key_rrr<=0;
            key_rr<=0;
            key_r<=0;
        end
        else begin
            key_rrr<=key_rr;
            key_rr<=key_r;
            key_r<=key;
        end
    end
    assign keydeb = key_r & key_rr & key_rrr;
endmodule
```

需要说明的是，按键的消抖模块 IP_key_debounce 适用于任意个按键消抖的情况，在调用时仅需要根据实际情况修改参数即可。本书后续的许多项目都调用了该模块。

按键应用示例 1：按键计数并显示

本设计完成一个按键计数并显示计数值的功能。

本设计可使用两个模块实现：smg_cnt 模块实现计数并生成数码管显示的 8 位数据；IP_smg_disp2 模块则实现数据的显示。模块划分如图 5-9 所示。

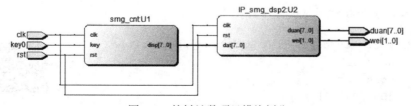

图 5-9   按键计数项目模块划分

实现图 5-9 中的模块，代码如实例 5-14 所示。

实例 5-14　每按一次按键，则进行增 1 计数，计数值由数码管显示。

```verilog
module key_smg_top(clk,rst,key0,duan,wei);
    input clk,rst;
    input key0;
    output[7:0] duan;
    output[1:0] wei;
    wire[7:0] disp;
    wire keydeb;
    smg_cnt U1(.clk(clk),
            .key(key0),
            .rst(rst),
            .disp(disp));
    IP_smg_dsp2 U2(.clk(clk),
            .rst(rst),
            .dat(disp),
            .duan(duan),
            .wei(wei));
endmodule
// =======================================================//
//计数并生成显示数据模块
// =======================================================//
module smg_cnt(clk,key,rst,disp);
    input clk,key,rst;
    output[7:0] disp;
    // -------------------------------------------------------//
    //按键消抖
    wire keydeb;
    IP_key_debounce #(1) U12(.keydeb(keydeb),
            .rst(rst),
            .clk(clk),
            .key(key));
    // -------------------------------------------------------//
    //生成显示数据，注意最高位为 0 时不显示出来
    wire[3:0] SM1,SM0;
    reg[7:0] key_v;
    assign SM1=(key_v[7:4]==0)? 4'hF:key_v[7:4];
    assign SM0=key_v[3:0];
    assign disp={SM1,SM0};
    // -------------------------------------------------------//
    //计数值的个位
    //获取当前按键次数：按一次进行加 1 计数
    //由于按键初始状态为高电平，因此下面使用下降沿来判断按键是否被按下
    reg clk_shi;
    always @(negedge keydeb,negedge rst)
```

扫一扫看
计数值显
示代码

```verilog
begin
    if(!rst) begin
            key_v[3:0] <= 0;
            clk_shi <= 0;
    end
    else begin
        if(key_v[3:0]==9) begin
            key_v[3:0] <= 0;
            clk_shi <= 1;
        end
        else begin
            key_v[3:0] <= key_v[3:0]+ 1;
            clk_shi <= 0;
        end
    end
end
// ------------------------------------------------------------//
//计数值的十位
always @(posedge clk_shi,negedge rst)
begin
    if(!rst) key_v[7:4] <= 0;
    else begin
        if(key_v[7:4]==9) key_v[7:4] <= 0;
        else key_v[7:4] <= key_v[7:4]+ 1;
    end
end
endmodule
// ==========================================================//
//显示数据模块，也可供其他项目使用
// ==========================================================//
module IP_smg_dsp2(clk,rst,dat,duan,wei);
    input clk;
    input rst;
    input[7:0] dat;
    output[7:0] duan;
    output reg[1:0] wei;
    // ------------------------------------------------------------//
    //50 MHz 经过 2^n 分频得到 95 Hz
    reg[18:0] clkdiv;
    wire clk_95Hz;
    assign clk_95Hz=clkdiv[18];
    always @(posedge clk,negedge rst) begin
        if(!rst) clkdiv<=0;
        else clkdiv<=clkdiv+1;
    end
    // ------------------------------------------------------------//
```

```verilog
//两个显示状态的控制
reg sel;
always@(posedge clk_95Hz,negedge rst)
    if(!rst) sel<=0;
    else sel<=~sel;
// ----------------------------------------------------------//
//两个数码管显示的实现
reg[3:0] dsp;
always @(sel,dat) begin
    if(sel) begin
        wei<=2'b10;
        dsp<=dat[3:0];
    end
    else begin
        wei<=2'b01;
        dsp<=dat[7:4];
    end
 end
// ----------------------------------------------------------//
//数据的显示,调用译码模块
smg_dec2 U0(.data(dsp),.duan(duan));
endmodule
```

实例 5-14 的显示模块 IP_smg_dsp 2,由于高位为 0 时不显示,所以该模块与 IP_smg_dsp 有细微差别,当数据为 F 时,段码不显示,请读者细心体会。IP_smg_dsp2 模块也有着广泛的应用,所以此处也做成了 IP 核。

结合实例 4-4 对本设计的输入和输出指定引脚,然后进行综合、实现、生成配置文件、编程到开发板。下载到开发板后,不停地按下释放 KEY0 按键,观察数码管上显示数据的变化,并结合使用数码管对按键次数进行计数的功能要求来理解这些现象。

按键应用示例 2:键控数码管在不同信息间的切换

本节实现键控数码管在 4 种信息间切换:1A→77→2B→88。

本设计使用两个模块实现:key_smg 模块完成按键的消抖、计数、产生数码管可显示的数据;IP_smg_dsp 模块则显示数据。模块划分如图 5-10 所示。

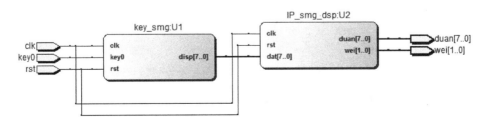

图 5-10　键控数码管显示项目模块划分

实现图 5-10 中的模块,代码如实例 5-15 所示。其中,IP_key_debounce 模块和

IP_smg_dsp 前文已经进行了说明，此处直接调用，不再给出代码。

实例 5-15 键控数码管在不同信息间的切换。

```verilog
module key_smg_switch(clk,rst,key0,duan,wei);
    input clk,rst;
    input key0;
    output[7:0] duan;
    output[1:0] wei;
    wire clk_100Hz;
    wire[7:0] disp;
    wire btn0;
    key_smg_info U1(.clk(clk),
                .rst(rst),
                .key0(key0),
                .disp(disp));
    IP_smg_dsp U2(.clk(clk),
                .rst(rst),
                .dat(disp),
                .duan(duan),
                .wei(wei));
endmodule
// ==========================================================//
//核心算法模块
// ==========================================================//
module key_smg_info(clk,rst,key0,disp);
    input clk,rst;
    input key0;
    output reg[7:0] disp;
    // ---------------------------------------------------------//
    //按键消抖
    wire btn0;
    IP_key_debounce #(1) U11(.clk(clk),
                    .rst(rst),
                    .key(key0),
                    .keydeb(btn0));
    // ---------------------------------------------------------//
    //4 种模式产生电路
    wire[1:0] mode;
    reg[1:0] key_v;
    assign mode = key_v;
    // ---------------------------------------------------------//
    //获取当前按键次数：按一次进行加 1 计数
    always @(negedge rst,negedge btn0) begin
        if(!rst) key_v <= 0;
        else key_v <= key_v + 1;
    end
```

```
// --------------------------------------------------------//
//根据模式产生相应的信息：4 种信息对应 4 种模式
always @ (*) begin    //产生下一个状态的组合逻辑
    if(mode==0) disp<=8'h1A;
    else if(mode==1) disp<=8'h77;
    else if(mode==2) disp<=8'h2B;
    else disp<=8'h88;
end
endmodule
```

　　结合实例 4-4 对本设计的输入和输出指定引脚，然后进行综合、实现、生成配置文件、编程到开发板。下载到开发板后，观察数码管的显示内容，然后通过按 KEY0 按键，观察数码管显示信息的变化。结合键控数码管信息切换显示的功能要求来理解这些现象。

任务 12　控制液晶显示信息

扫一扫看在液晶上显示动态计数值微视频

　　【任务描述】　本任务分成两个独立的子任务。

　　子任务一：在液晶上显示动态计数值。具体要求：在第一行显示静态信息"FPGA WELCOME　　"；在第二行的中间位置，显示某个变量值，该变量实现每秒钟加 1 计数，计数范围为 0～99，循环计数。

　　子任务二：在液晶上滚动显示 26 个字母。具体要求是：第一行和第二行滚动显示 26 个字母；再次滚动显示 26 个字母前添加 6 个空格；循环滚动显示。

　　【知识点】　本任务需要学习以下知识点：

扫一扫看在液晶上滚动显示 26 个字母微视频

　　（1）液晶显示原理；
　　（2）根据液晶显示原理得到通用的液晶显示 IP 核的方法；
　　（3）液晶显示 IP 核的应用方法；
　　（4）一百进制计数器的实现方法；
　　（5）将普通字符转换成液晶显示字符的方法；
　　（6）使用移位寄存器实现信息滚动的方法。

5.3　液晶应用设计

扫一扫看液晶显示教学课件

5.3.1　液晶显示原理

　　LCD1602 应用比较普遍，市面上字符液晶绝大多数是基于 HD44780 液晶芯片的，控制原理完全相同，因此 HD44780 读写的控制程序可以很方便地应用于市面上大部分的字符型液晶。字符型 LCD 通常有 14 条引脚线或 16 条引脚线的 LCD，多出来的两条线是背光电源线 VCC（15 脚）和地线 GND（16 脚），其控制原理与 14 脚的 LCD 完全一样。

1. LCD1602 引脚与功能

LCD1602 引脚排列如图 5-11 所示。

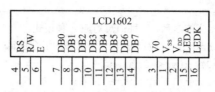

图 5-11　LCD1602 芯片引脚图

引脚功能说明如表 5-1 所示。

表 5-1　LCD1602 芯片引脚功能

引 脚 号	符 号	电 平	输入/输出	功 能
1	Vss			电源地
2	Vdd			电源+5 V
3	V0			对比度调整电压。接正电源时对比度最弱，接地时对比度最强，对比度过高时会产生"鬼影"，使用时可以通过一个 10 kΩ 的电位器调整对比度
4	RS	0/1	输入	寄存器选择：1=数据寄存器；0=指令寄存器
5	R/W	0/1	输入	读、写操作：1=读；0=写
6	E	1, 1→0	输入	使能信号：1 时读取信息；1→0（下降沿）时执行命令
7	DB0	0/1	输入/输出	数据总线（LSB）
8	DB1	0/1	输入/输出	数据总线
9	DB2	0/1	输入/输出	数据总线
10	DB3	0/1	输入/输出	数据总线
11	DB4	0/1	输入/输出	数据总线
12	DB5	0/1	输入/输出	数据总线
13	DB6	0/1	输入/输出	数据总线
14	DB7	0/1	输入/输出	数据总线（MSB）
15	LEDA	$+V_{CC}$	输入	背光电源正极（接+5 V）
16	LEDK	接地	输入	背光电源负极（接地）

在端口中，RS、R/W、E 为液晶模块的控制信号，其真值表见表 5-2。

表 5-2　控制信号真值表

RS	R/W	E	功 能
0	0	下降沿	写指令
0	1	高电平	读忙标志和 AC 值
1	0	下降沿	写数据
1	1	高电平	读数据

2. 字符显示原理

HD44780 内置了 DDRAM、CGROM 和 CGRAM。

DDRAM 就是显示数据 RAM，用来寄存待显示的字符代码。共 80 个字节，其地址和屏幕显示位置的对应关系如表 5-3 所示。

表 5-3　DDRAM 地址和屏幕显示位置的对应关系

显示位置		1	2	3	4	…	15	16	17	…	40
DDRAM	第一行	00H	01H	02H	03H		0EH	0FH	10H		27H
地址	第二行	40H	41H	42H	43H		4EH	4FH	50H		67H

显然一行有 40 个地址，但 LCD1602 屏幕每行只能显示 16 个字符，所以在 LCD1602 中只用 DDRAM 前 16 个地址，第二行也一样用前 16 个地址。如表 5-3 中阴影部分所示。例如，若在 LCD1602 屏幕的第一行第一列显示一个"A"字，就要向 DDRAM 的 00H 地址写入"A"字的代码；若在屏幕第二行第一列显示一个"B"字，就要向 DDRAM 的 40H 地址写入"B"字的代码。

文本文件中每个字符都是用一个字节的代码记录的，一个汉字是用两个字节的代码记录的。在 PC 上只要打开文本文件就能在屏幕上看到对应的字符，是因为在操作系统里和 BIOS 里都固化有字符字模。什么是字模？就代表了是在点阵屏幕上点亮和熄灭的信息数据。例如，"A"字的字模为：

01110	○■■■○
10001	■○○○■
10001	■○○○■
10001	■○○○■
11111	■■■■■
10001	■○○○■
10001	■○○○■

左边的数据就是字模数据，右边就是将左边数据用"○"代表 0，用"■"代表 1，可以看出是个"A"字。在文本文件中"A"字的代码是 41H，PC 收到 41H 的代码后就去字模文件中将代表 A 字的这一组数据送到显卡去点亮屏幕上相应的点，于是就看到"A"这个字了。

在 LCD 模块上也固化了字模存储器，这就是 CGROM 和 CGRAM。HD44780 内置了 192 个常用字符的字模，存于字符产生器 CGROM（Character Generator ROM）中；另外，还有 8 个允许用户自定义的字符产生 RAM，称为 CGRAM（Character Generator RAM）。表 5-4 说明了 CGROM 和 CGRAM 与字符的对应关系。

从表 5-4 可以看出，"A"字对应上面高位代码为 0100，对应左边低位代码为 0001，合起来就是 01000001，也就是 41H。因此若要在 LCD1602 屏幕的第一行第一列显示一个"A"字，就要向 DDRAM 的 00H 地址写 41H；在 LCD1602 内部则根据 41H 从 CGROM 中取出字模数据，驱动 LCD 屏幕的第一行第一列的阵点显示"A"字。

字符代码 0x00～0x0F 为用户自定义的字符图形 RAM（对于 5×8 点阵的字符，可以存放 8 组；对于 5×10 点阵的字符，可以存放 4 组），就是 CGRAM 了。

0x20～0x7F 为标准的 ASCII 码，0xA0～0xFF 为日文字符和希腊文字符，其余字符码

（0x10～0x1F 及 0x80～0x9F）没有定义。

表 5-4　CGROM 和 CGRAM 与字符的对应关系

↓	0000	0001	0010	0011	0100	0101	0110	0111	1000	1001	1010	1011	1100	1101	1110	1111
xxxx0000	CGRAM(1)			0	@	P	`	p				―	タ	ミ	α	p
xxxx0001	(2)			!	1	A	Q	a	q			。	ア	チ	ム	ä	q
xxxx0010	(3)			"	2	B	R	b	r			「	イ	ツ	メ	β	θ
xxxx0011	(4)			#	3	C	S	c	s			」	ウ	テ	モ	ε	∞
xxxx0100	(5)			$	4	D	T	d	t			、	エ	ト	ヤ	μ	Ω
xxxx0101	(6)			%	5	E	U	e	u			・	オ	ナ	ユ	σ	ü
xxxx0110	(7)			&	6	F	V	f	v			ヲ	カ	ニ	ヨ	ρ	Σ
xxxx0111	(8)			'	7	G	W	g	w			ア	キ	ヌ	ラ	g	π
xxxx1000	(1)			(	8	H	X	h	x			ィ	ク	ネ	リ	√	x
xxxx1001	(2)			)	9	I	Y	i	y			ゥ	ケ	ノ	ル	⁻¹	y
xxxx1010	(3)			*	:	J	Z	j	z			エ	コ	ハ	レ	j	千
xxxx1011	(4)			+	;	K	[	k	{			ォ	サ	ヒ	ロ	×	万
xxxx1100	(5)			,	<	L	¥	l	l			ャ	シ	フ	ワ	¢	円
xxxx1101	(6)			-	=	M	]	m	}			ュ	ス	ヘ	ン	モ	÷
xxxx1110	(7)			.	>	N	^	n	→			ョ	セ	ホ	゛	ñ	
xxxx1111	(8)			/	?	O	_	o	←			ッ	ソ	マ	゜	ö	█

下面进一步介绍对 DDRAM 的内容和地址进行具体操作的指令。

3. LCD1602 指令描述

LCD1602 有 11 个控制指令，下面分别阐述每条指令的格式及其功能。

1）清屏指令

指令功能	指 令 编 码										执行时间
	RS	R/W	DB7	DB6	DB5	DB4	DB3	DB2	DB1	DB0	（ms）
清屏	0	0	0	0	0	0	0	0	0	1	1.64

功能：

（1）清除液晶显示器，即将 DDRAM 的内容全部填入 ASCII 码 20H。

（2）光标归位，即将光标撤回液晶显示屏的左上方。

（3）将地址计数器（AC）的值设为 0。

2）光标归位指令

指令功能	指 令 编 码										执行时间
	RS	R/W	DB7	DB6	DB5	DB4	DB3	DB2	DB1	DB0	（ms）
光标归位	0	0	0	0	0	0	0	0	1	X	1.64

功能：

（1）把光标撤回到液晶显示屏的左上方。

（2）把地址计数器（AC）的值设置为 0。

（3）保持 DDRAM 的内容不变。

3）进入模式设置指令

指令功能	指 令 编 码										执行时间
	RS	R/W	DB7	DB6	DB5	DB4	DB3	DB2	DB1	DB0	（μs）
进入模式设置	0	0	0	0	0	0	0	1	I/D	S	40

功能：设定每次写入 1 位数据后光标的移位方向，并且设定每次写入的一个字符是否移动。参数设置如下：

✓ I/D：0=写入或读出新数据后，AC 值自动减 1，光标左移；1=写入或读出新数据后，AC 值自动增 1，光标右移。

✓ S：0=写入新数据后显示屏不移动；1=写入新数据后显示屏整体平移，此时若 I/D=0 则画面右移，若 I/D=1 则画面左移。

4）显示开关控制指令

指令功能	指 令 编 码										执行时间
	RS	R/W	DB7	DB6	DB5	DB4	DB3	DB2	DB1	DB0	（μs）
显示开关控制	0	0	0	0	0	0	1	D	C	B	40

功能：控制显示器开/关、光标显示/关闭及光标是否闪烁。参数设置如下：

✓ D: 0=显示功能关, 1=显示功能开。

✓ C: 0=无光标, 1=有光标。

✓ B: 0=光标闪烁, 1=光标不闪烁。

5) 设定显示屏或光标移动方向指令

指令功能	指令 编 码										执行时间 (μs)
	RS	R/W	DB7	DB6	DB5	DB4	DB3	DB2	DB1	DB0	
设定显示屏或光标移动方向	0	0	0	0	0	1	S/C	R/L	X	X	40

功能: 使光标移位或使整个显示屏幕移位, 但不改变 DDRAM 的内容。参数设定的情况如表 5-5 所示。

表 5-5　设定显示屏或光标移动的真值表

S/C	R/L	设 定 情 况
0	0	光标左移 1 格
0	1	光标右移 1 格
1	0	显示器上字符全部左移 1 格, 但光标不动
1	1	显示器上字符全部右移 1 格, 但光标不动

6) 功能设定指令

指令功能	指令 编 码										执行时间 (μs)
	RS	R/W	DB7	DB6	DB5	DB4	DB3	DB2	DB1	DB0	
功能设定	0	0	0	0	1	DL	N	F	X	X	40

功能: 设定数据总线位数、显示的行数及字型。参数设定的情况如下:

✓ DL: 0=数据总线为 4 位, 1=数据总线为 8 位。

✓ N: 0=显示 1 行, 1=显示 2 行。

✓ F: 0=5×7 点阵/字符, 1=5×10 点阵/字符。

7) 设定 CGRAM 地址指令

指令功能	指令 编 码										执行时间 (μs)
	RS	R/W	DB7	DB6	DB5	DB4	DB3	DB2	DB1	DB0	
设定 CGRAM 地址	0	0	0	1	CGRAM 的地址 (6 位)						40

功能: 设定下一个要存入数据的 CGRAM 的地址。

8）设定 DDRAM 地址指令

指令功能	指令编码										执行时间（μs）
	RS	R/W	DB7	DB6	DB5	DB4	DB3	DB2	DB1	DB0	
设定 DDRAM 地址	0	0	1	DDRAM 的地址（7 位）							40

功能：设定下一个要存入数据的 DDRAM 的地址，地址值可以为 0x00～0x4f。

9）读取忙信号或 AC 地址指令

指令功能	指令编码										执行时间（μs）
	RS	R/W	DB7	DB6	DB5	DB4	DB3	DB2	DB1	DB0	
读取忙信号或 AC 地址	0	1	FB	AC 内容（7 位）							40

功能：

（1）读取忙信号 BF 的内容，BF=1 表示液晶显示器忙，暂时无法接收单片机送来的数据或指令；当 BF=0 时，液晶显示器可以接收单片机送来的数据或指令。

（2）读取地址计数器（AC）的内容。

10）数据写入 DDRAM 或 CGRAM 指令

指令功能	指令编码										执行时间（μs）
	RS	R/W	DB7	DB6	DB5	DB4	DB3	DB2	DB1	DB0	
数据写入到 DDRAM 或 CGRAM	1	0	要写入的数据 D7～D0								40

功能：将字符码写入 DDRAM（或 CGRAM），以使液晶显示屏显示出相对应的字符，或者将使用者自己设计的图形存入 CGRAM。

11）从 CGRAM 或 DDRAM 读出数据的指令

指令功能	指令编码										执行时间（μs）
	RS	R/W	DB7	DB6	DB5	DB4	DB3	DB2	DB1	DB0	
从 CGRAM 或 DDRAM 读出数据	1		要读出的数据 D7～D0								40

功能：读取当前 DDRAM 或 CGRAM 单元中的内容。

4．读写操作时序

根据上述指令的介绍可知，LCD1602 有 4 种基本操作，见表 5-6。

表 5-6　LCD1602 的 4 种基本操作

基 本 操 作	输　入	输　出
读状态	RS=L，RW=H,E=H	DB0~DB7=状态字
写指令	RS=L，RW=L，E=下降沿，DB0~DB7=指令码	无
读数据	RS=H，RW=H，E=H	DB0~DB7=数据
写数据	RS=H，RW=L，E=下降沿，DB0~DB7=数据	无

读写操作时序如图 5-12 和图 5-13 所示。

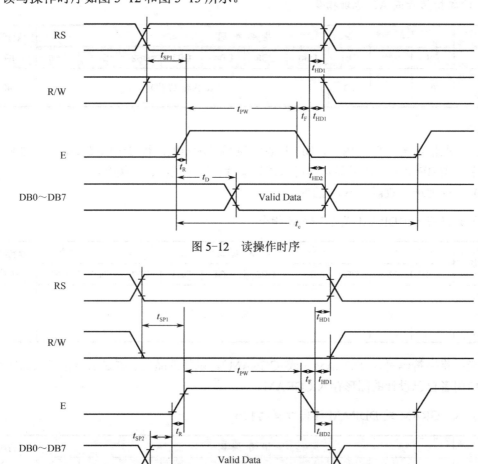

图 5-12　读操作时序

图 5-13　写操作时序

读写操作时序图中均有相应的时间参数，这些时间参数均为微秒级，可查阅相关手册得到确切的时间。

5.3.2　液晶显示 IP 核

根据液晶显示原理，可以得到液晶显示的 IP 核，如实例 5-16 所示。

实例 5-16　液晶显示 IP 核。

```verilog
module IP_lcd_dsp(clk,rst,disp,lcd_e,lcd_rw,lcd_rs,lcd_d);
    input clk,rst;
    input[255:0] disp;
    output lcd_e,lcd_rw;
    output reg lcd_rs;
    output reg[7:0] lcd_d;
    // ------------------------------------------------------------//
    //50 MHz 经过2^n 分频得到clk_lcd=380 Hz
    reg[16:0] clkdiv;
    wire clk_lcd;
    assign clk_lcd=clkdiv[16];
    always @(posedge clk,negedge rst) begin
        if(!rst) clkdiv<=0;
        else clkdiv<=clkdiv+1;
    end
    // ------------------------------------------------------------//
    //8 位，2 行，5*7
    //整体显示，关光标，不闪烁，清除
    //本例可设置8 个控制液晶的命令用于初始化液晶，本例实际只用了5 个命令
    //使用状态机控制LCD 显示两行32 个字符（含空格）
    reg[2:0] com_cnt;
    reg[63:0] com_buf_bit;
    parameter com_buf={8'h01,8'h06,8'h0C,8'h38,8'h80,8'h00,8'h00,8'h00};
    reg[3:0] dat_cnt;
    reg[127:0] dat_buf_bit1,dat_buf_bit2;
    wire[127:0] dat_buf1,dat_buf2;
    assign {dat_buf1,dat_buf2}=disp;
    reg [2:0] next_state;
    parameter   set0_0=3'h0,set0_1=3'h1,set1=3'h2,set2=3'h3,dat1=3'h4,
dat2=3'h5;

    always @(posedge clk_lcd) begin
        case(next_state)
            //LCD 的初始化
            set0_0:  begin
                com_buf_bit<=com_buf;
                com_cnt<=0;
                next_state<=set0_1;
            end
            set0_1: begin
                lcd_rs<=0;
                lcd_d<=com_buf_bit[63:56];
                com_buf_bit<=(com_buf_bit<<8);
                com_cnt<=com_cnt+1'b1;
                if(com_cnt<7) next_state<=set0_1; //共8 次
```

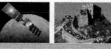

```
                else begin
                    next_state<=set1;
                    com_cnt<=0;
                end
            end
        //LCD 控制命令：显示第 1 行信息
        set1: begin
            lcd_rs<=0;
            lcd_d<=8'h80;
            next_state<=dat1;
            dat_buf_bit1<=dat_buf1;
            dat_cnt<=0;
        end
        dat1: begin
            lcd_rs<=1;
            lcd_d<=dat_buf_bit1[127:120];
            dat_buf_bit1<=(dat_buf_bit1<<8);
            dat_cnt<=dat_cnt+1'b1;
            if(dat_cnt<15) next_state<=dat1; //共 16 次，非阻塞赋值
            else next_state<=set2;
        end
        //LCD 控制命令：显示第二行信息
        set2:   begin
            lcd_rs<=0;
            lcd_d<=8'hC0;
            next_state<=dat2;
            dat_buf_bit2<=dat_buf2;
            dat_cnt<=0;
        end
        dat2: begin
            lcd_rs<=1;
            lcd_d<=dat_buf_bit2[127:120];
            dat_buf_bit2<=(dat_buf_bit2<<8);
            dat_cnt<=dat_cnt+1'b1;
            if(dat_cnt<15) next_state<=dat2; //共 16 次，非阻塞赋值
            else begin
                next_state<=set1;
                dat_cnt<=0;
            end
        end
        default:   next_state<=set0_0;
    endcase
end
// ----------------------------------------------------------//
//led_e 控制 LCD 在 clk_lcd 下降沿时执行命令，满足 LCD 的时序需要
assign lcd_e=clk_lcd;
```

```
// ------------------------------------------------------//
//控制 lcd_rw 为 0，表示 LCD 在写
assign lcd_rw=0;
endmodule
```

程序说明：

（1）本程序通过"assign lcd_e=clk_lcd|en;"、"assign lcd_rw=0;"来设置 lcd_e 和 lcd_rw，然后再通过状态机中对 lcd_rs 和 lcd_data 的设置，使这些控制信息和数据满足 LCD 的控制时序要求，进而完成信息在液晶上的显示。这些控制时序请读者对照液晶控制时序图认真体会。

（2）本程序使用状态机来实现液晶的控制。共设置了 6 个状态：状态 set0_0 和 set0_1 完成液晶的初始化数据，状态 set1 设置在第一行显示，状态 dat1 完成了在第一行显示字符，状态 set2 设置在第二行显示，状态 dat2 完成了在第二行显示字符。状态图如图 5-14 所示。

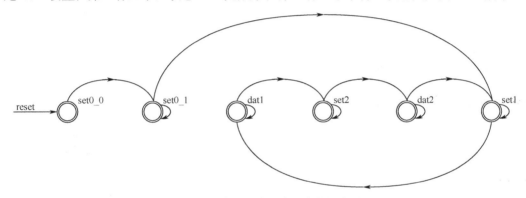

图 5-14　本设计中 6 个状态的状态图

（3）set0_0 状态用于初始化液晶控制命令 com_buf_bit。

（4）set0_1 完成初始化液晶时使用了 8 个命令，命令存放在 com_buf 中，具体内容在语句"parameter com_buf={8'h01,8'h06,8'h0C,8'h38,8'h80,8'h00,8'h00,8'h00};"中进行了说明。根据该语句可以看出，对于这 8 个命令，仅前 5 个是有效的，也就是说，本例仅用 5 个命令完成了对液晶的初始化。其余 3 个命令，用户可根据实际设计的需要添加。对于特定的设计，对液晶显示的要求可能不同，因此液晶初始化时用的命令也可能不同，需要根据实际情况进行增加、删减、修改。

（5）dat1 和 dat2 完成了液晶信息的两行显示，显示的信息来自模块输入端口 disp。

（6）要求在第一行显示的命令在 set1 状态完成，语句"lcd_d<=8'h80;"将位置选定在第一行的开始位置。要求在第二行显示的命令在 set2 状态完成，语句"lcd_d<=8'hC0;"将位置选定在第二行的开始位置。

（7）液晶显示用的时钟频率为 380 Hz，这是通过 2^n 分频方法得到的、经过实验验证的一个比较好的频率。过快的时钟频率可能会导致液晶显示不正常，过慢的时钟频率会使同时显示的内容不同步。

（8）液晶显示模块 IP_lcd_dsp 做了 IP 核，可供后续项目使用。

液晶应用示例 1：显示计数信息

本设计将实现在液晶上显示动态计数值。

本设计可划分成两个模块予以实现，两个模块的连接关系如图 5-15 所示。模块 U1 的功能是每秒加 1 计数，并生成液晶用显示数据；模块 U2 的功能就是显示计数值。

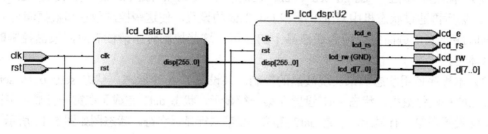

图 5-15 模块划分及其连接

实现图 5-15 中的模块，代码如实例 5-17 所示。

实例 5-17 显示计数信息。

```verilog
module lcd_counter_top(clk,rst,lcd_e,lcd_rw,lcd_rs,lcd_d);
    input clk,rst;
    output lcd_e,lcd_rw;
    output lcd_rs;
    output[7:0] lcd_d;
    wire[255:0] disp;
    // ----------------------------------------------------------//
    //计数，并生成液晶用显示数据
    lcd_data U1(.clk(clk),
            .rst(rst),
            .disp(disp));
    // ----------------------------------------------------------//
    //送液晶显示
    IP_lcd_dsp U2(.clk(clk),
                .rst(rst),
                .disp(disp),
                .lcd_e(lcd_e),
                .lcd_rw(lcd_rw),
                .lcd_rs(lcd_rs),
                .lcd_d(lcd_d));
endmodule
// ==========================================================//
//产生 LCD 显示的两行数据
// ==========================================================//
module lcd_data(clk,rst,disp);
    input clk;
    input rst;
```

扫一扫看
显示计数
信息代码

```verilog
output[255:0] disp;
// --------------------------------------------------------//
//分频得到1Hz，用于处理待显示数据
wire clk_1Hz;
IP_1Hz U1(.clk_50MHz(clk),
        .rst(rst),
        .clk_1Hz(clk_1Hz));
// --------------------------------------------------------//
//显示的计数值，约1s变量cnt加1
reg[7:0] cnt;
always @(posedge clk_1Hz,negedge rst) begin
    if(!rst) cnt<=0;
    else begin
        if(cnt==99) cnt<=0;
        else cnt<=cnt+1'b1;
    end
end
// --------------------------------------------------------//
//产生液晶显示数据
reg[47:0] result_disp;
always @(posedge clk) begin
    result_disp[47:40]<="C";
    result_disp[39:32]<="N";
    result_disp[31:24]<="T";
    result_disp[23:16]<=":";
    result_disp[15:8]<=cnt/10+"0";
    result_disp[7:0]<=cnt%10+"0";
end
// --------------------------------------------------------//
//生成液晶显示信息
wire[127:0] disp1,disp2;
assign disp2={{5{8'h20}},result_disp,{6{8'h20}}};
assign disp1="  FPGA WELCOME  ";
assign disp={disp1,disp2};
endmodule
```

引脚锁定参照实例4-4，将设计下载到实验开发系统中，观察实际运行情况。

实例5-17编译下载后，在液晶中第一行显示："FPGA WELCOME　"；第二行显示："CNT：XX"，XX为0～99的循环计数，每秒加1。

液晶应用示例2：滚动显示信息

本设计实现在液晶上滚动显示26个字母。

本设计可划分成两个模块予以实现，如图5-16所示。

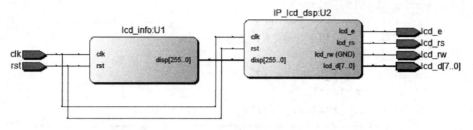

图 5-16   模块划分及其连接

实现图 5-16 中的模块，代码如实例 5-18 所示。

实例 5-18   在液晶上滚动显示 26 个字母。

```
module lcd_info_scroll(clk,rst,lcd_e,lcd_rw,lcd_rs,lcd_d);
    input clk,rst;
    output lcd_e,lcd_rw;
    output lcd_rs;
    output[7:0] lcd_d;
    wire[255:0] disp;
    lcd_info U1(.clk(clk),
            .rst(rst),
            .disp(disp));
    IP_lcd_dsp U2(.clk(clk),
            .rst(rst),
            .disp(disp),
            .lcd_e(lcd_e),
            .lcd_rw(lcd_rw),
            .lcd_rs(lcd_rs),
            .lcd_d(lcd_d));
endmodule
// ==========================================================//
//信息产生模块：产生待显示的两行信息
// ==========================================================//
module lcd_info(clk,rst,disp);
    input clk,rst;
    output[255:0] disp;
    // --------------------------------------------------------//
    //待显示信息：info_buf 含 26 个字母加 6 个空格，共 32 个字符
    parameter   info_buf="ABCDEFGHIJKLMNOPQRSTUVWXYZ      ";
    // --------------------------------------------------------//
    //50 MHz 经过 2^n 分频得到 1.5 Hz
    reg[24:0] clkdiv;
    wire clk_3Hz;
    assign clk_3Hz=clkdiv[24];
    always @(posedge clk,negedge rst) begin
        if(!rst) clkdiv<=0;
```

```
        else clkdiv<=clkdiv+1;
    end
    // ------------------------------------------------//
    //通过移位寄存器生成滚动信息
    reg[255:0] msg;
    always @(posedge clk_3Hz, negedge rst)
        if(!rst) msg<=info_buf;
        else begin
            msg[255:8]<=msg[247:0];
            msg[7:0]<=msg[255:248];
        end
    // ------------------------------------------------//
    //生成液晶显示信息
    assign disp=msg;
endmodule
```

引脚锁定参照实例 4-4，将设计下载到实验开发系统中，观察实际运行情况。实例 5-18 编译下载后，第一行和第二行滚动显示 26 个字母，再次循环显示前有 6 个空格，循环滚动显示。

任务 13　显示标准键盘通码

扫一扫看显示标准键盘通码微视频

【任务描述】　本任务是显示标准键盘通码。

具体要求是：按下 PS2 标准键盘中的一个按键后，将按键的通码显示在两个数码管上；如果该按键是数字 0～9，则需要在第 3 个数码管中将该值显示出来。

【知识点】　本任务需要学习以下知识点：

（1）PS2 协议；

（2）PS2 键盘工作原理；

（3）根据 PS2 键盘工作原理得到通用的 PS2 键盘 IP 核的方法；

（4）PS2 键盘 IP 核的应用方法；

扫一扫看显示标准键盘通码教学课件

（5）根据标准键盘通码表进行 PS2 键盘解码的方法；

（6）调用 4 个数码管显示 IP 核的方法。

5.4　PS2 接口应用设计

5.4.1　PS2 接口协议

PS2 接口的定义如图 5-17 所示。PS2 接口和开发板上的 PS 电路如图 1-7 所示。

PS2 鼠标和键盘履行一种双向同步串行协议。键盘/鼠标可以发送数据到主机，而主机也可以发送数据到设备，但主机总是在总线上有优先权，它可以在任何时候抑制来自键盘/鼠标的通信，只要把时钟拉低即可。从键盘/鼠标发送到主机的数据在时钟信号的下降沿（当时钟从高变到低的时候）被读取；从主机发送到键盘/鼠标的数据在上升沿（当时钟从低

变到高的时候）被读取。不管通信的方向怎样，键盘/鼠标总是产生时钟信号。如果主机要发送数据，它必须首先告诉设备开始产生时钟信号。

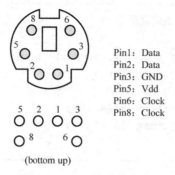

Pin1：Data
Pin2：Data
Pin3：GND
Pin5：Vdd
Pin6：Clock
Pin8：Clock

(bottom up)

图 5-17　PS2 接口的定义

PS2 设备的时钟频率为 10～16.7 kHz，通常 PS2 设备的工作频率控制在 12.5 kHz 左右。从时钟脉冲的上升沿到一个数据转变的时间至少要有 5 μs，数据变化到时钟脉冲的下降沿的时间至少要有 5 μs 并且不大于 25 μs。这个定时必须严格遵循。在停止位发送后，设备在发送下个包前至少应该等待 50 μs。这将给主机一定时间处理接收到的字节，在处理字节这段时间内，主机应抑制其发送。在主机释放抑制后，设备至少应该在发送任何数据前等 50 μs。PS2 设备的时序要求如图 5-18 所示。

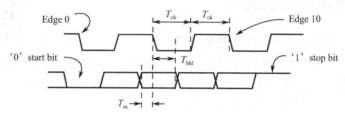

Symbol	Parameter	Min	Max
T_{ck}	Clock time	30 μs	50 μs
T_{su}	Data-to-clock setup time	5 μs	25 μs
T_{hld}	Clock-to-data hold time	5 μs	25 μs

图 5-18　PS2 设备的时序要求

数据从键盘/鼠标发送到主机或从主机发送到键盘/鼠标，时钟都是 PS2 设备产生的。主机对时钟控制有优先权，即主机想发送控制指令给 PS2 设备时，可以拉低时钟线至少 100 μs，然后再下拉数据线，最后释放时钟线为高。

所有数据安排在字节中，每个字节为一帧，包含了 11～12 个位。这些位的含义如下：

（1）1 个起始位，总是为 0。

（2）8 个数据位，低位在前。

（3）1 个校验位，奇校验。

（4）1 个停止位，总是为 1。

（5）1 个应答位，仅在主机对设备的通信中，当主机发送数据给键盘/鼠标时，设备回送一个握手信号来应答数据包已经收到。这个位不会出现在设备发送数据到主机的过程中。

图 5-19 为设备到主机的通信过程图。

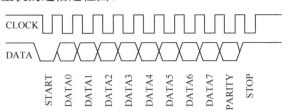

图 5-19　设备到主机的通信

图 5-19 中，数据位在 CLOCK 为高电平时准备好，PC 在时钟的下降沿锁存数据。

关于主机到设备的通信过程，由于使用标准键盘时不会涉及，所以本文不做介绍，感兴趣的读者请阅读有关 PS2 协议的书籍。

5.4.2　PS2 键盘扫描码

键盘的处理器如果发现有键被按下、释放，或按住键盘不放将发送扫描码的信息包到计算机，扫描码有两种不同的类型：通码和断码。当一个键被按下或按住时，就发送通码，当一个键被释放时就发送断码，每个按键被分配了唯一的通码和断码，这样主机通过查找唯一的扫描码就可以测定是哪个按键。通码和断码组成了键盘的扫描码集，有 3 套标准的扫描码集，分别是第一套、第二套和第三套。下面给出的是现在通行的第二套扫描码集，如表 5-7 所示。

表 5-7　第二套扫描码集

KEY	通　码	断　码	KEY	通　码	断　码	KEY	通　码	断　码
A	1C	F0 1C	9	46	F0 46	[	54	F0 54
B	32	F0 32	`	0E	F0 0E	INSERT	E0 70	E0 F0 70
C	21	F0 21	−	4E	F0 4E	HOME	E0 6C	E0 F0 6C
D	23	F0 23	=	55	F0 55	PG UP	E0 7D	E0 F0 7D
E	24	F0 24	\	5D	F0 5D	DELETE	E0 71	E0 F0 71
F	2B	F0 2B	BKSP	66	F0 66	END	E0 69	E0 F0 69
G	34	F0 34	SPACE	29	F0 29	PG DN	E0 7A	E0 F0 7A
H	33	F0 33	TAB	0D	F0 0D	U ARROW	E0 75	E0 F0 75
I	43	F0 43	CAPS	58	F0 58	L ARROW	E0 6B	E0 F0 6B
J	3B	F0 3B	L SHFT	12	F0 12	D ARROW	E0 72	E0 F0 72
K	42	F0 42	L CTRL	14	F0 14	R ARROW	E0 74	E0 F0 74
L	4B	F0 4B	L GUI	E0 1F	E0 F0 1F	NUM	77	F0 77
M	3A	F0 3A	L ALT	11	F0 11	KP /	E0 4A	E0 F0 4A
N	31	F0 31	R SHFT	59	F0 59	KP *	7C	F0 7C
O	44	F0 44	R CTRL	E0 14	E0 F0 14	KP −	7B	F0 7B
P	4D	F0 4D	R GUI	E0 27	E0 F0 27	KP +	79	F0 79
Q	15	F0 15	R ALT	E0 11	E0 F0 11	KP EN	E0 5A	E0 F0 5A

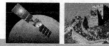

续表

KEY	通　码	断　码	KEY	通　码	断　码	KEY	通　码	断　码
R	2D	F0 2D	APPS	E0 2F	E0 F0 2F	KP	71	F0 71
S	1B	F0 1B	ENTER	5A	F0 5A	KP 0	70	F0 70
T	2C	F0 2C	ESC	76	F0 76	KP 1	69	F0 69
U	3C	F0 3C	F1	05	F0 05	KP 2	72	F0 72
V	2A	F0 2A	F2	6	F0 06	KP 3	7A	F0 7A
W	1D	F0 1D	F3	04	F0 04	KP 4	6B	F0 6B
X	22	F0 22	F4	0C	F0 0C	KP 5	73	F0 73
Y	35	F0 35	F5	03	F0 03	KP 6	74	F0 74
Z	1A	F0 1A	F6	0B	F0 0B	KP 7	6C	F0 6C
0	45	F0 45	F7	83	F0 83	KP 8	75	F0 75
1	16	F0 16	F8	0A	F0 0A	KP 9	7D	F0 7D
2	1E	F0 1E	F9	01	F0 01	]	58	F0 58
3	26	F0 26	F10	09	F0 09	;	4C	F0 4C
4	25	F0 25	F11	78	F0 78	'	52	F0 52
5	2E	F0 2E	F12	07	F0 07	,	41	F0 41
6	36	F0 36	PRNT SCRN	E0 12 E0 7C	E0 F0 7C E0 F0 12	.	49	F0 49
7	3D	F0 3D	SCROLL	7E	F0,7E	/	4A	F0 4A
8	3E	F0 3E	PAUSE	E1 14 77 E1 F0 14 F0 77	-NONE-			

虽然多数按键只有一个字节宽，但也有少数扩展按键的通码是两字节或 4 字节宽，这类按键的通码第一个字节通常是 E0h。每个键都有它自己唯一的通码和断码，而且在通码和断码之间存在着必然的联系。多数断码有两字节长，其第一个字节是 F0h，第二个字节是这个键的通码；扩展按键的断码通常有 3 个字节，它们前两个字节是 E0h F0h，最后一个字节是这个按键通码的最后一个字节。

例如，要打印出字母 F，由于这是一个大写字母，因此通常通过以下操作得到：按下右 Shift 键→按下 F 键→释放 F 键→释放右 Shift 键。查表 5-7，得到右 Shift 键的通码为 59h，F 键的通码为 2Bh，F 键的断码为 F0h 2Bh，右 Shift 键的断码为 F0h 59h，因此发送到计算机的数据应该是：59h 2Bh F0h 2Bh F0h 59h。

PS2 键盘扫描码和键盘的对应关系如图 5-20 所示。

5.4.3　PS2 键盘 IP 核

根据上述 PS2 键盘原理，可以得到 PS2 键盘的 IP 核，如实例 5-19 所示。

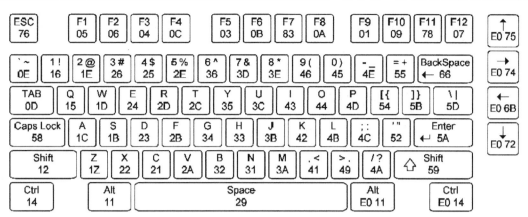

图 5-20 键盘和键盘扫描码

实例 5-19 PS2 键盘的 IP 核。

```
// ==================================================//
//当有按键输入时，输出按键的通码
//ps2_data: PS2 数据输入
//ps2_clk: PS2 时钟输入
//ps2_data: 得到按键的通码
//ps2_done: 按键操作完成指示信号
// ==================================================//
module IP_PS2_keyboard(clk,rst,ps2_clk,ps2_dat,ps2_code,ps2_done);
    input clk,rst,ps2_clk,ps2_dat;
    output reg[7:0] ps2_code;
    output reg ps2_done;
    //--------------------------------------------------
    //为 PS2 时钟滤波
    reg[7:0] PS2C_r;
    wire PS2Cf;
    assign PS2Cf=(!rst)? 1'b1 : &PS2C_r;
    always @(posedge clk)
        PS2C_r <= {ps2_clk,PS2C_r[7:1]};
    //--------------------------------------------------
    //获取通码和断码：register_register[8:1]为按键的通码或断码中的 8 位
    reg[10:0] register;
    always @(negedge PS2Cf or negedge rst) begin
        if(!rst) register<=11'h7ff;
        else register<={ps2_dat,register[10:1]};
    end
    //--------------------------------------------------
    //PS2 时钟下降沿计数，11 次为一个字节数据的传输
    reg[3:0] cnt;
    always @(negedge PS2Cf or negedge rst) begin
        if(!rst) cnt<=0;
        else begin
```

```
            if(cnt==10) cnt<=0;
            else cnt<=cnt+4'd1;
        end
    end
//-------------------------------------------------
//获取通码并标志解码完成
//断码标志 F0 及长码标志 E0，在解码步骤需要考虑
always @(posedge PS2Cf or negedge rst) begin
    if(!rst) begin
        ps2_code<=8'h00;
        ps2_done<=0;
    end
    else begin
        if(cnt==10) begin
            if((register[9:2]!=8'hff)&(register[9:2]!=8'he0)&
(register[9:2]!=8'hf0)) begin
                ps2_code<=register[9:2];
                ps2_done<=1;
            end
        end
        else begin
            ps2_done<=0;
        end
    end
end
endmodule
```

实例 5-19 中，对 PS2 时钟信号进行了如下处理："assign PS2Cf=(clr)? 1'b1 : &PS2C_r;"，这样处理的目的是对时钟信号进行滤波，滤波得到的信号为标准的方波信号，便于后续使用该信号的上升沿和下降沿。

前面关于按键扫描码的说明中提到，有些按键的通码是多字节的，而且断码通常也都是多字节的，根据 PS2 协议，一个字节就对应着一帧数据，因此当按下按键后，可能会传回一帧或多帧数据，具体传回几帧，跟按下的按键有关。从程序可以看出，当读回的数据为断码标志 F0 及长码标志 E0 时不保存，于是，保存的内容就只是按键的通码。

实例 5-19 对于通码是多字节的个别按键得到的通码可能会不准确，但该例可以满足使用标准键盘进行应用设计的需要。

PS2 键盘应用示例：显示按键通码

本设计将显示按键通码。本任务可规划 3 个模块来实现：IP_PS2_keyboard 模块的作用是获取按键的通码；PS2_decode 为译码模块，将通码转换成按键值；IP_smg4_dsp 为显示模块，用于显示按键的通码和键值。当有按键按下和释放时，FPGA 将传回来的信息进行处理，并送入显示模块去显示。模块划分如图 5-21 所示。

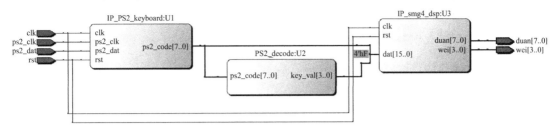

图 5-21　模块划分

实现图 5-21 中的顶层模块和 PS2_decode 模块，代码如实例 5-20 所示。

实例 5-20　读取并显示 PS2 键盘通码和代码。

```
module PS2_top(clk,rst,ps2_clk,ps2_dat,duan,wei);
    input clk,rst,ps2_clk,ps2_dat;
    output[7:0] duan;
    output[3:0] wei;
    // ------------------------------------------------------//
    //获取按键的通码
    wire ps2_done;
    wire[7:0] ps2_code;
    IP_PS2_keyboard U1(.clk(clk),
                       .rst(rst),
                       .ps2_clk(ps2_clk),
                       .ps2_dat(ps2_dat),
                       .ps2_code(ps2_code));
    // ------------------------------------------------------//
    //键盘译码
    wire[3:0] dsp;
    PS2_decode U2(.ps2_code(ps2_code),
            .key_val(dsp));
    // ------------------------------------------------------//
    //调用 4 位数码管显示 IP 核
    //前两位显示通码，第三位固定显示"F"，最后一位显示按键对应的数字
    wire[15:0] smg_dsp;
    assign smg_dsp={ps2_code,4'hf,dsp};
    IP_smg4_dsp U3(.clk(clk),    //此处调用 4 个数码管的 IP 核
            .rst(rst),
            .dat(smg_dsp),
            .duan(duan),
            .wei(wei));
endmodule
// ====================================================//
//译码模块
//当按键是 0～9 中任一个数码时，将按键的通码转换成键盘上相应的数字；参数描述了 0～9
的通码
```

扫一扫看
读取显示
键盘代码

```
// ========================================================//
module PS2_decode(ps2_code,key_val);
input[7:0] ps2_code;
output[3:0] key_val;
    reg[3:0] key_val;
    parameter
s0=8'h45,s1=8'h16,s2=8'h1E,s3=8'h26,s4=8'h25,s5=8'h2E,s6=8'h36,s7=8'h3D,s8=8'
h3E,s9=8'h46;
        always@(ps2_code)
            case(ps2_code)
                s0: key_val=0;
                s1: key_val=1;
                s2: key_val=2;
                s3: key_val=3;
                s4: key_val=4;
                s5: key_val=5;
                s6: key_val=6;
                s7: key_val=7;
                s8: key_val=8;
                s9: key_val=9;
                default: key_val=4'hF;
            endcase
    endmodule
```

结合实例 4-4 对本设计的输入和输出指定引脚，然后进行综合、实现、生成配置文件、编程到开发板。下载到开发板后，按 PS2 标准键盘上的按键，观察数码管上的显示，并结合标准键盘通码和断码表来理解这些现象。

读者可以把标准键盘的所有按键轮流按一遍，看看有哪几个按键的通码与预期不一致。这样，后续项目用到标准键盘时，可以避开这几个按键。

任务 14   控制 VGA 显示彩条和方块

扫一扫看 VGA
显示器 8 色条
纹微视频

扫一扫看
VGA 显示器
方块微视频

【任务描述】　该任务分成 3 个独立的子任务。

子任务一：RGB 三根线可以有 8 种组合，一种组合对应一种颜色，共有 8 种颜色。在显示器中从上到下显示出这 8 种组合的颜色，形成横彩条。使用分辨率为 800*600 的 VGA 显示器，每 75 行显示一种颜色。

子任务二：在 VGA 上显示一个方块，该方块从左向右以 1 Hz 的频率移动，当从显示器右侧消失后马上又在左侧出现。要求使用分辨率为 800*600 的显示器，方块大小为 100*75，在显示器第 76～150 行显示方块，方块颜色为红色，显示器背景为黑色。

子任务三：通过 PS2 标准按键控制在 VGA 上显示横条纹、竖条纹、棋盘格：键号 1 对应 8 色横彩条；键号 2 对应 8 色竖彩条；键号 3 对应 8 色棋盘格。

【知识点】　本任务需要学习以下知识点：

（1）VGA 显示原理；

（2）根据 VGA 显示原理得到通用的 VGA 显示 IP 核的方法；

（3）VGA 显示 IP 核的应用方法；

（4）在 VGA 中显示彩条、棋盘格的原理；

（5）在 VGA 中显示方块的原理。

扫一扫看 VGA
显示器棋盘格微
视频

5.5　VGA 接口应用设计

5.5.1　VGA 显示原理

扫一扫看
VGA 显示器
教学课件

视频图形阵列（Video Graphics Array，VGA）是 IBM 在 1987 年推出的一种视频传输标准，具有分辨率高、显示速率快、颜色丰富等优点，在彩色显示器领域得到了广泛的应用。VGA 接口如图 5-22 所示。VGA 接口和开发板上的 VGA 电路如图 1-8 所示。

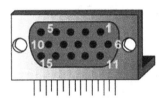

Pin 1: Red　　Pin 5: GND
Pin 2: Grn　　Pin 6: Red GND
Pin 3: Blue　　Pin 7: Grn GND
Pin 13: HS　　Pin 8: Blu GND
Pin 14: VS　　Pin 10: Sync GND

图 5-22　VGA 接口

VGA 色彩由 R、G、B 决定，开发板上 RGB 共 3 根线，因此可显示 8 种颜色，如表 5-8 所示。

表 5-8　颜色表

RGB 二进制值（3 位）	颜　色
1_0_0	红
0_1_0	绿
0_0_1	蓝
1_1_0	黄
0_1_1	青
1_0_1	紫
0_0_0	黑
1_1_1	白

图 5-23 显示了 CRT 偏转系统结构示意图。显示器采用光栅扫描方式，即轰击荧光屏的电子束在 CRT（阴极射线管）屏幕上从左到右（受水平同步信号 HSYNC 控制）、从上到下（受垂直同步信号 VSYNC 控制）做有规律的移动。

光栅扫描又分逐行扫描和隔行扫描。隔行扫描指电子束在扫描时每隔一行扫一线，完成一屏后再返回来扫描剩下的线，与电视机的原理一样。隔行扫描的显示器扫描闪烁得比较厉害，会让使用者的眼睛疲劳。目前微机所用显示器几乎都是逐行扫描。逐行扫描是指扫描从屏幕左上角一点开始，从左向右逐点进行扫描，每扫描完一行，电子束回到屏幕的

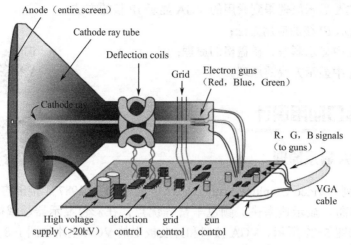

图 5-23　CRT 偏转系统结构示意图

左边下一行的起始位置。在此期间，CRT 对电子束进行消隐，每行结束时，用行同步信号进行行同步；当扫描完所有行，形成一帧时，用场同步信号进行场同步，并使扫描回到屏幕的左上方，同时进行行场消隐，开始下一帧的扫描。扫描过程如图 5-24 所示。

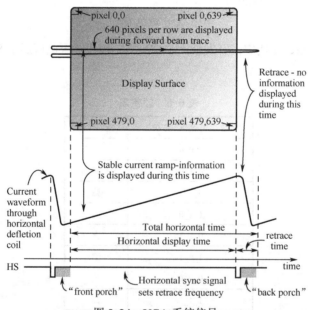

图 5-24　VGA 系统信号

　　完成一行扫描所需时间称为水平扫描时间，其倒数称为行频率；完成一帧（整屏）扫描所需的时间称为垂直扫描时间，其倒数为垂直扫描频率，又称刷新频率，即刷新一屏的频率。常见的有 60 Hz、75 Hz 等。

　　视频电子标准协会（Video Electronics Standards Association，VESA）对显示器时序进行了规范。VGA 的标准参考显示时序如图 5-24 所示。行时序和场时序都需要产生同步脉冲（Sync）、显示后沿（Back porch）、显示时序段（Display interval）和显示前沿（Front porch）4 个部分。行同步、场同步都为负极性，即同步头脉冲要求是负脉冲。

每行都有一个负极性行同步脉冲（Sync），是数据行的结束标志，同时也是下一行的开始标志。在同步脉冲之后为显示后沿（Back porch），在显示时序段（Display interval）显示器为亮的过程，RGB 数据驱动一行上的每个像素点，从而显示一行。在一行的最后为显示后沿（Back porch）。在显示时序段（Display interval）之外没有图像投射到屏幕时插入消隐信号。同步脉冲（Sync）、显示后沿（Back porch）和显示前沿（Front porch）都是在行消隐间隔内（Horizontal Blanking Interval），当行消隐有效时，RGB 信号无效，屏幕不显示数据。

VGA 的场时序与 VGA 的行时序基本一样，每一帧的负极性帧同步脉冲（Sync）是一帧的结束标志，同时也是下一帧的开始标志。而显示数据是一帧的所有行数据。

图 5-25 给出了针对 640*480 分辨率的显示器的 VGA 信号时序。

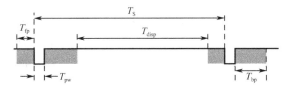

Symbol	Parameter	Vertical Sync			Horiz. Sync	
		Time	Clocks	Lines	Time	Clks
T_S	Sync pulse	16.7 ms	416 800	521	32 μs	800
T_{disp}	Display time	15.36 ms	384 000	480	25.6 μs	640
T_{pw}	Pulse width	64 μs	1 600	2	3.84 μs	96
T_{fp}	Front porch	320 μs	8 000	10	640 ns	16
T_{bp}	Back porch	928 μs	23 200	29	1.92 μs	48

图 5-25　VGA 信号时序（640*480 分辨率显示器）

推导得出图 5-25 所列出的 VGA 信号（640*480 分辨率显示器）的显示时序的过程如下：

（1）显示器分辨率为 640*480，得出行视频点 HV 为 640，场视频线 VV 为 480。

（2）根据 VGA 一般规范，同步脉冲的长度 SP 大约为行视频时间的 0.15 倍，显示后沿 BP 和显示前沿 FP 大约分别为行视频时间的 3/40 和 1/40。所以，SP=640*0.15=96，BP=640*3/40=48，FP=640*1/40=16。因此，行扫描线=SP+BP+HV+FP=96+48+640+16=800。

（3）像素时钟若为 25 MHz，则显示一个像素点的时间为 0.04 μs。因此，可依次计算出：行视频时间=640*0.04 μs=25.6 μs；SP=96*0.04=3.84 μs；BP=48*0.04=1.92 μs；FP=16*0.04=0.64 μs；行扫描时间=800*0.04=32 μs。

（4）显示器刷新频率为 60 Hz，所以场扫描时间（显示一屏时间）为 1/60s=16.67 ms。

（5）场扫描行=场扫描时间/行扫描时间=16.67 ms/32 μs=521 行。

（6）根据 VGA 一般规范，场同步脉冲的长度 SP 大约为场视频时间的 1/240。所以，SP=480*1/240=2；BP+FP=521-VV-SP=521-480-2=39。显示后沿 BP 和显示前沿 FP 分别采用 75% 和 25% 的分割规范来分割剩下的行，因此，可依次计算出：BP=39*75%=29；FP=39*25%=10。可进一步计算出 SP 所需要的时间：SP=2*32 μs=64 μs。

以上推理过程不仅仅适用于分辨率为 640*480 的显示器，还可以用于其他任意分辨率的显示器。当然，显示器的分辨率越高，所需要的像素时钟就越高。

综上，可以得到 VGA 控制原理，如图 5-26 所示。

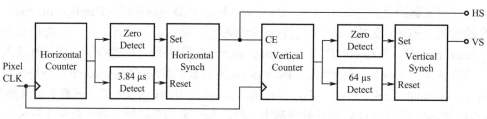

图 5-26　VGA 控制原理

5.5.2　VGA 显示 IP 核

根据 VGA 显示原理，对于 VGA 的控制只需要 5 根线，包括 R、G、B、HS 和 VS 各一根线。按 VGA 接口时序，对这 5 根线赋予不同的值即可实现 VGA 的显示控制。根据上一节关于分辨率为 640*480 的显示器的时序描述，可以得到 640*480 分辨率 VGA 显示 IP核，如实例 5-21 所示。

实例 5-21　640*480 分辨率 VGA 显示 IP 核。

```verilog
// ========================================================//
//VGA 液晶驱动模块
//分辨率：640*480
//(vga_xpos,vga_ypos)：指示当前点的坐标值
// ========================================================//
module IP_VGA_640X480(clk,rst,rgb_sig,vga_rgb,vga_hs,vga_vs,vga_xypos);
    input clk;
    input rst;
    input[2:0] rgb_sig;
    output[2:0] vga_rgb;
    output vga_hs, vga_vs;
    output[20:0] vga_xypos;
    //行参数
    parameter H_CNT_MAX=10'd800;
    parameter H_HS=10'd96;
    parameter H_BP=10'd48;
    parameter H_DISP=10'd640;
    parameter H_FP=10'd16;
    parameter H_Left=H_HS+H_BP;
    parameter H_Right=H_HS+H_BP+H_DISP;
    //列参数
    parameter V_CNT_MAX=10'd521;
    parameter V_HS=10'd2;
    parameter V_BP=10'd29;
    parameter V_DISP=10'd480;
    parameter V_FP=10'd10;
    parameter V_Left=V_HS+V_BP;
```

扫一扫看
VGA 显示
代码

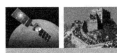

```
    parameter V_Right=V_HS+V_BP+V_DISP;
    //分频得到25MHz时钟
    reg clk_25M;
    always@(posedge clk or negedge rst)
        if(!rst) clk_25M=0;
        else clk_25M=~clk_25M;
    //行列扫描
    reg[9:0] h_cnt,v_cnt;
    always@(posedge clk_25M or negedge rst) begin
        if(!rst) begin
            h_cnt<=0;
            v_cnt<=0;
        end
        else begin
            if(h_cnt==(H_CNT_MAX-1)) begin
                h_cnt<=0;
                if(v_cnt==(V_CNT_MAX-1)) v_cnt<=0;
                else v_cnt<=v_cnt+10'd1;
            end
            else h_cnt<=h_cnt+10'd1;
        end
    end
    //当前点在显示屏上的位置的坐标信息
    wire[10:0]vga_xpos;
    wire[9:0]vga_ypos;
    assign vga_xypos={vga_xpos,vga_ypos};
    assign vga_xpos = h_cnt - H_Left;
    assign vga_ypos = v_cnt - V_Left;
    //HS
    assign vga_hs=(h_cnt<H_HS)? 1'b0: 1'b1;
    //VS
    assign vga_vs=(v_cnt<V_HS)? 1'b0: 1'b1;
    //显示的有效区域
    wire disp_valid;
    assign  disp_valid=((h_cnt>=H_Left)&&(h_cnt<H_Right)&&  (v_cnt>=V_
Left)&&(v_cnt<V_Right)) ? 1'b1:1'b0;
    //液晶三色信号
    assign vga_rgb = disp_valid ? rgb_sig : 3'b000;
endmodule
```

在实例 5-21 中，显示器的扫描频率为 25 MHz。若将该频率修改为 50 MHz，再编译下载后，显示器会提示"输入信号超出范围"这样的信息。

对于其他分辨率的显示器，要结合本节前面推导得出 VGA 信号（640*480 分辨率显示器）的显示时序的过程来选择合适的扫描频率和参数。实例 5-21 中，将扫描频率修改为 50 MHz，同时将相应的参数修改成与 50 MHz 匹配的参数，就可以得到 800*600 分辨率 VGA 显示 IP 核，如实例 5-22 所示。

实例 5-22 800*600 分辨率 VGA 显示 IP 核。

```verilog
module IP_VGA_800X600(clk,rst,rgb_sig,vga_rgb,vga_hs,vga_vs,vga_xypos);
    input clk;
    input rst;
    input[2:0] rgb_sig;
    output[2:0] vga_rgb;
    output vga_hs, vga_vs;
    output[20:0] vga_xypos;
    //行参数
    parameter H_CNT_MAX=11'd1056;
    parameter H_HS=10'd128;
    parameter H_BP=10'd88;
    parameter H_DISP=10'd800;
    parameter H_FP=10'd40;
    parameter H_Left=H_HS+H_BP;
    parameter H_Right=H_HS+H_BP+H_DISP;
    //列参数
    parameter V_CNT_MAX=10'd628;
    parameter V_HS=10'd4;
    parameter V_BP=10'd23;
    parameter V_DISP=10'd600;
    parameter V_FP=10'd1;
    parameter V_Left=V_HS+V_BP;
    parameter V_Right=V_HS+V_BP+V_DISP;
    //行列扫描
    reg[10:0] h_cnt;
    reg[9:0] v_cnt;
    always@(posedge clk or negedge rst) begin
        if(!rst) begin
            h_cnt<=0;
            v_cnt<=0;
        end
        else begin
            if(h_cnt==(H_CNT_MAX-1)) begin
                h_cnt<=0;
                if(v_cnt==(V_CNT_MAX-1)) v_cnt<=0;
                else v_cnt<=v_cnt+10'd1;
            end
            else h_cnt<=h_cnt+11'd1;
        end
    end
    //当前点在显示屏上的位置的坐标信息
    wire[10:0]vga_xpos;
    wire[9:0]vga_ypos;
    assign vga_xypos={vga_xpos,vga_ypos};
```

```
        assign vga_xpos = h_cnt - H_Left;
        assign vga_ypos = v_cnt - V_Left;
        //HS
        assign vga_hs=(h_cnt<H_HS)? 1'b0: 1'b1;
        //VS
        assign vga_vs=(v_cnt<V_HS)? 1'b0: 1'b1;
        //显示的有效区域
        wire disp_valid;
        assign  disp_valid=((h_cnt>=H_Left)&&(h_cnt<H_Right)&&  (v_cnt >=V_
Left)&&(v_cnt<V_Right)) ? 1'b1:1'b0;
        //液晶三色信号
        assign vga_rgb = disp_valid ? rgb_sig : 3'b000;
    endmodule
```

在实例 5-22 中详细描述了与 50 MHz 匹配的各项参数，请读者结合显示器手册及显示器显示原理来理解。

根据实例 5-21 和实例 5-22，可以看出，针对于其他分辨率的显示器，此段代码很容易移植。需要说明的是，本节给出的两个分辨率显示器的显示 IP 核，其正确性都在实际项目中得到了验证。本书中，后续项目使用 VGA 显示器时，均调用 IP_VGA_800X600 模块，当然读者也可以使用 IP_VGA_640X480 替换 IP_VGA_800X600 模块。

VGA 应用示例 1：在 VGA 上显示条纹

本设计实现在 VGA 上显示 8 色横彩条。实现代码如实例 5-23 所示。

实例 5-23　显示 8 色条纹：RGB 三根线可以 8 种组合。

```
module VGA_stripe(clk,rst,vga_rgb,vga_hs,vga_vs);
    input clk;
    input rst;
    output vga_hs, vga_vs;
    output[2:0] vga_rgb;
    // -------------------------------------------------------------//
    //根据当前扫描点所在位置产生液晶三色信号
    //将位置信息分成 x 坐标和 y 坐标
    wire [20:0]vga_xypos;
    wire [10:0]vga_xpos;
    wire [9:0]vga_ypos;
    assign {vga_xpos,vga_ypos}=vga_xypos;
    // -------------------------------------------------------------//
    //根据当前扫描点所在位置产生液晶三色信号
    //分辨率为 800*600，若显示 8 种颜色，可每 75 行显示一种颜色
    wire[2:0] y_cnt;
    assign y_cnt=vga_ypos/75;
    reg[2:0] rgb_sig;
    always@(*) begin
```

扫一扫看
显示 8 色
条纹代码

```
        case(y_cnt)
            3'd0: rgb_sig<=3'b000;
            3'd1: rgb_sig<=3'b001;
            3'd2: rgb_sig<=3'b010;
            3'd3: rgb_sig<=3'b011;
            3'd4: rgb_sig<=3'b100;
            3'd5: rgb_sig<=3'b101;
            3'd6: rgb_sig<=3'b110;
            3'd7: rgb_sig<=3'b111;
            default: rgb_sig<=3'b000;
        endcase
    end
    // ----------------------------------------------------------//
    //调用 VGA IP 核在液晶显示器上显示信息
    IP_VGA_800X600 U3(.clk(clk),
                        .rst(rst),
                        .rgb_sig(rgb_sig),
                        .vga_rgb(vga_rgb),
                        .vga_hs(vga_hs),
                        .vga_vs(vga_vs),
                        .vga_xypos(vga_xypos));
endmodule
```

结合实例 4-4 对本设计的输入和输出指定引脚，然后进行综合、实现、生成配置文件、编程到开发板。下载到开发板后，可以观察到 VGA 显示器上有 8 种颜色的横条纹，由于每 75 行显示一种颜色，所以 8 种颜色的横条纹刚好满屏。

VGA 应用示例 2：在 VGA 上显示移动方块

本设计在 VGA 上显示移动方块，实现代码如实例 5-24 所示。

实例 5-24 在 VGA 上显示信息方块，该方块从左向右以 1Hz 的频率移动。

```
module VGA_block(clk,rst,vga_rgb,vga_hs,vga_vs);
    input clk;
    input rst;
    output vga_hs, vga_vs;
    output[2:0] vga_rgb;
    // ----------------------------------------------------------//
    //分频得到 1Hz
    wire clk_1Hz;
    IP_1Hz U1(.clk_50_MHz(clk),
            .rst(rst),
            .clk_1Hz(clk_1_Hz));
    // ----------------------------------------------------------//
    //移动方块计数器，方块可在 8 个位置移动
    reg[2:0] shift_cnt;
```

```
always@(posedge clk_1Hz,negedge rst)
    if(!rst) shift_cnt<=0;
    else shift_cnt<=shift_cnt+1;
// -----------------------------------------------------------//
//根据当前扫描点所在位置产生液晶三色信号
//将位置信息分成 x 坐标和 y 坐标
wire [20:0]vga_xypos;
wire [10:0]vga_xpos;
wire [9:0]vga_ypos;
assign {vga_xpos,vga_ypos}=vga_xypos;
// -----------------------------------------------------------//
//根据当前扫描点所在位置产生液晶三色信号
//分辨率为 800*600，在 76～150 行显示方块，红色方块，黑色背景
wire[2:0] x_cnt,y_cnt;
assign x_cnt=vga_xpos/100;
assign y_cnt=vga_ypos/75;
wire[2:0] rgb_sig;
assign rgb_sig=((y_cnt==2)&&(x_cnt==shift_cnt))? 3'b001 : 3'b000;
// -----------------------------------------------------------//
//调用 VGA IP 核在液晶显示器上显示信息
IP_VGA_800X600 U3(.clk(clk),
                  .rst(rst),
                  .rgb_sig(rgb_sig),
                  .vga_rgb(vga_rgb),
                  .vga_hs(vga_hs),
                  .vga_vs(vga_vs),
                  .vga_xypos(vga_xypos));

endmodule
```

　　结合实例 4-4 对本设计的输入和输出指定引脚，然后进行综合、实现、生成配置文件、编程到开发板。下载到开发板后，观察 VGA 显示器上的显示信息，此时会看到显示器上一个红色的方块在黑色的背景下从左至右移动，从右侧消失后又马上出现在左侧。

　　该例的思路和方法可以应用于贪吃蛇游戏的开发中。

PS2 和 VGA 混合应用示例：PS2 键盘控制 VGA 显示

　　本设计通过 PS2 按键控制实现在 VGA 上显示横条纹、竖条纹、棋盘格等。该设计可通过 3 个模块实现，如图 5-27 所示。其中，U1 模块获取按键的通码；U2 模块根据按键的通

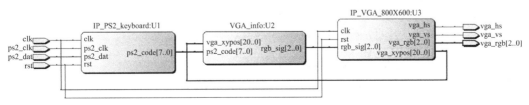

图 5-27　PS2 和 VGA 混合应用模块框图

码处理显示信息；U3 模块则是在 VGA 上显示 U2 传送过来的信息。

实现图 5-27 中的模块，代码如实例 5-25 所示。

实例 5-25 PS2 标准键盘控制 VGA 显示 3 种模式：横彩条、竖彩条、棋盘格。

```verilog
module PS2_VGA_top(clk,rst,ps2_clk,ps2_dat,vga_rgb,vga_hs,vga_vs);
    input clk;
    input rst;
    input ps2_clk;
    input ps2_dat;
    output vga_hs, vga_vs;
    output[2:0] vga_rgb;
    wire[7:0] ps2_code;
    wire[2:0] rgb_sig;
    wire[20:0] vga_xypos;
    // ------------------------------------------------------------//
    //获取按键的通码
    IP_PS2_keyboard U1(.clk(clk),
                       .rst(rst),
                       .ps2_clk(ps2_clk),
                       .ps2_dat(ps2_dat),
                       .ps2_code(ps2_code));
    // ------------------------------------------------------------//
    //根据当前扫描点所在位置产生液晶三色信号
    VGA_info U2(.vga_xypos(vga_xypos),
                .ps2_code(ps2_code),
                .rgb_sig(rgb_sig));
    // ------------------------------------------------------------//
    //调用 VGA IP 核在液晶显示器上显示信息
    IP_VGA_800X600 U3(.clk(clk),
                      .rst(rst),
                      .rgb_sig(rgb_sig),
                      .vga_rgb(vga_rgb),
                      .vga_hs(vga_hs),
                      .vga_vs(vga_vs),
                      .vga_xypos(vga_xypos));
endmodule
// ============================================================//
//根据当前扫描点所在位置产生液晶三色信号
// ============================================================//
module VGA_info(vga_xypos,ps2_code,rgb_sig);
    input[7:0] ps2_code;
    input[20:0] vga_xypos;
    output[2:0] rgb_sig;
    // ------------------------------------------------------------//
    //将位置信息分成 x 坐标和 y 坐标
    wire [10:0]vga_xpos;
```

```
wire [9:0]vga_ypos;
assign {vga_xpos,vga_ypos}=vga_xypos;
// ---------------------------------------------------------//
//分辨率为 800*600
//若显示 8 种颜色,可每 75 行显示一种颜色,每 100 列显示一种颜色
wire[2:0] x_cnt,y_cnt;
assign x_cnt=vga_xpos/100;
assign y_cnt=vga_ypos/75;
reg[2:0] rgb_x,rgb_y;
always@(x_cnt) begin
    case(x_cnt)
        3'd0: rgb_x<=3'b000;
        3'd1: rgb_x<=3'b001;
        3'd2: rgb_x<=3'b010;
        3'd3: rgb_x<=3'b011;
        3'd4: rgb_x<=3'b100;
        3'd5: rgb_x<=3'b101;
        3'd6: rgb_x<=3'b110;
        3'd7: rgb_x<=3'b111;
        default: rgb_x<=3'b000;
    endcase
end
always@(y_cnt) begin
    case(y_cnt)
        3'd0: rgb_y<=3'b000;
        3'd1: rgb_y<=3'b001;
        3'd2: rgb_y<=3'b010;
        3'd3: rgb_y<=3'b011;
        3'd4: rgb_y<=3'b100;
        3'd5: rgb_y<=3'b101;
        3'd6: rgb_y<=3'b110;
        3'd7: rgb_y<=3'b111;
        default: rgb_y<=3'b000;
    endcase
end
// ---------------------------------------------------------//
//将按键的通码转换成键盘上相应的数字
//s1、s2、s3 参数描述了键盘上 1、2、3 的通码
reg[2:0] rgb_sig;
parameter s1=8'h16,s2=8'h1E,s3=8'h26;
always@(*)
    case(ps2_code)
        s1: rgb_sig<=rgb_x;  //8 条竖彩条
        s2: rgb_sig<=rgb_y;  //8 条横彩条
        s3: rgb_sig<=rgb_x^rgb_y;  //8*8 棋盘格
        default: rgb_sig<=3'b111;  //全白
```

```
        endcase
    endmodule
```

结合实例 4-4 对本设计的输入和输出指定引脚，然后进行综合、实现、生成配置文件、编程到开发板。下载到开发板后，观察 VGA 显示器上的显示信息。按动 PS2 标准键盘的 1 号键、2 号键和 3 号键，可以观察到 VGA 显示器显示信息的变化，分别是 8 个横彩条、8 个竖彩条及含 8*8=64 个方格的棋盘格。

知识小结

在本章，讨论了以下知识点：

✓ 重点介绍了 5 类常用的硬件接口：按键、数码管、LCD、PS2、VGA 等，包括各接口的原理、Verilog 硬件实现等。

✓ 介绍了 LCD 接口协议，并给出了 FPGA 与 LCD1602 通信的模拟协议及其应用。

✓ 介绍了 PS2 接口协议，并给出了 FPGA 与标准键盘通信的模拟协议及其应用。

✓ 介绍了 VGA 接口协议，并给出了 FPGA 与 VGA 显示器通信的模拟协议及其应用。

通过本章的学习，读者应该掌握 LCD 液晶接口、PS2 接口和 VGA 接口的接口协议，并初步掌握这几种接口的应用技术。接下来，读者可以尝试完成 UART 接口、单总线接口、I²C 接口等各种实用接口的设计，进一步巩固对协议的理解和应用。

习题5

扫一扫看本章习题

1. 数码管应用

（1）使用 4 个数码管，每个数码管的 8 个段依次显示，完成后切换到下一个数码管，两个数码管间的切换频率为 1 Hz。

（2）8 个数码管并排在一起，可将每个数码管的各段点亮或熄灭来实现多种图案。请读者想象一种图案，编制 Verilog 代码予以实现，并在开发板上展示该图案。

（3）设计一个十六进制计数器，每秒加 1 计数，结果由一个数码管显示。要求：循环显示 0～F，使用状态机实现。

（4）设计一个二十进制计数器，每秒加 1 计数，结果由两个数码管显示。要求：循环显示 0～19，当高位为 0 时不显示。

（5）使用两个数码管，按本节的实验步骤，求出当两个数码管同时稳定地显示数据（如 86）时的最低扫描频率，精确到 1 Hz。

（6）由 4 个数码管循环滚动显示读者的电话号码或者身份证号，每两次显示前由"--"隔开。

2. 按键应用

（1）对按键次数进行计数，使用 4 个 LED 显示计数值。

要求：按一次 KEY0，按键次数加 1，并使用 LED3～LED0 这 4 个 LED 灯以二进制码的形式显示计数值。由于只有 4 个 LED 灯，因此计数最大值为 15。

（2）扩展按键次数值为 0～999 范围，对按键进行增 1 计数。

要求：个位由 4 个 LED 灯表示，十位和百位由两个数码管显示。高位为 0 时，则相应的数码管不显示。

（3）通过两个数码管显示读者的出生年月日，一次只显示两位信息。通过按键控制来分时复用两个数码管显示所有的信息。

（4）键控流水灯在不同模式间切换。

功能：设计流水灯效果。要求通过按键，选择 3 种流水灯运转形式之一，控制流水灯运行。

要求：按一次 KEY0，按键次数加 1，按键次数在 0、1、2 这 3 个数中间循环，每个按键次数对应一种流水灯方式：

0——模式一，先奇数灯即第 1/3/5/7 灯亮 0.5 s，然后偶数灯即第 2/4/6/8 灯亮 0.5 s，依次类推。

1——模式二，按照 1/2、3/4、5/6、7/8 的顺序一次点亮两个灯，依次点亮所有灯，间隔 0.5 s；然后再按 1/2、3/4、5/6、7/8 的顺序一次灭两个灯，依次熄灭所有灯，间隔 0.5 s。

2——模式三，8 个 LED 灯同时亮，然后同时灭，间隔 0.5 s。

3. 液晶应用

（1）根据读者的需要，在液晶屏上显示两行有用的静态信息，比如，第一行显示个人姓名，第二行显示个人联系方式。

（2）设计一个电子时钟，完成时、分、秒的计时。要求：在液晶的第一行显示："H M S"，在第二行相应的位置显示不断变化的时、分、秒的相应数值。

4. PS2 应用

（1）单个按键的通码中数据字节数最多的是 PAUSE 按键，含 8 字节数据。请修改程序，要求可以一次读取键盘 8 帧通码/断码数据，并在数码管中显示出来。

提示：4 只数据码一次只能显示两个数据，要显示 8 个数据，可通过按键切换。

（2）给 PS2 键盘中的任一按键赋予特定的功能。比如，按"Page Up"键实现增 1 计数，按"Page Down"键实现减 1 计数，计数范围为 0～9，结果在数码管中显示出来。

5. VGA 应用

（1）在 VGA 上显示信息"HJK 欢迎您"。要求：在显示器左上角，垂直方向 100～115，水平方向 200～279 的区域内，显示信息"HJK 欢迎您"，字体颜色为红色。

（2）在 VGA 显示器上设计一条路径，将实例 5-25 的方块沿该路径移动。

（3）结合习题（1）实现的信息以及习题（2），设计一个屏幕保护程序，使显示的信息不停地有规律地移动。

（4）图像存储在块 ROM 中，在 VGA 上显示该图像，并尝试使用该图像作为屏幕保护程序的界面。

（5）学完了 VGA 接口和 PS2 键后，可尝试完成一个游戏：使用键盘的 4 个方向键，完成一个小人（图像或简单示意图）的上、下、左、右移动。

（6）使用 PS2 标准键盘，当按下某按键后将该按键表示的字符显示在显示器上。

第 **6** 章

FPGA 综合应用设计

扫一扫看
本章教学
课件

在学习按键、数码管、LCD、PS2、VGA 等接口项目开发的基础上，下面精选了几个数字系统设计项目，并对这些有趣实用的综合项目进行详细分析和实现，以便学习和掌握 FPGA 应用开发的设计思路和实现方法。内容包括呼吸灯、反应测量仪、序列检测器、数字跑表、具有校时和闹钟功能的数字钟、贪吃蛇游戏等。同时，也介绍脉冲产生电路及其应用、Mealy 状态机和 Moore 状态机的区别与联系等内容。这些项目最大限度地发挥了开发板的作用，充分利用了开发板有限的接口资源，是比较经典的项目，这些项目的设计思路和实现方法值得借鉴。

任务 15 呼吸灯设计

【任务描述】 本设计实现一个呼吸灯，LED 灯在 5 s 内完成由"亮→暗→灭"的过程，不断重复此过程。

要求：灯的明亮程度含 5 个级别，分别对应灭、25%亮、50%亮、75%亮、100%亮；由"亮→暗→灭"的过程对应着灯的亮度变化为"100%亮→75%亮→50%亮→25%亮→灭"。

【知识点】 本任务除了前 5 章学过的知识点外，还需要学习以下知识点：

（1）呼吸灯原理；

（2）PWM 波的实现方法。

扫一扫看
呼吸灯微
视频

扫一扫看
呼吸灯教
学课件

6.1　呼吸灯

6.1.1　呼吸灯原理

呼吸灯是指灯光受控完成由亮到暗的逐渐变化，感觉好像是人在呼吸。通过 Verilog HDL 编程实现 PWM（脉宽调制）输出驱动 LED，逐渐改变 PWM 的占空比从而实现 LED 亮度的逐渐变化，利用 LED 的余晖和人眼的暂留效应，看上去就和人的呼吸一样。

脉冲宽度调制波通常由一列占空比不同的矩形脉冲构成，其占空比与信号的瞬时采样值成比例。图 6-1 所示为脉冲宽度调制系统的原理框图和波形图。该系统由一个比较器和一个周期为 T 的锯齿波发生器组成。信号如果大于锯齿波信号，比较器输出 1，否则输出 0。因此，从图中可以看出，比较器输出一列下降沿调制的脉冲宽度调制波。

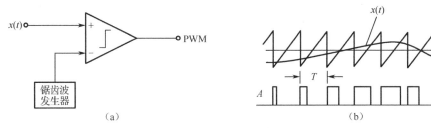

图 6-1　PWM 原理

PWM 的几个概念：

（1）频率：即图 6-1 中锯齿波的频率。因为锯齿波的周期为 T，所以 PWM 的频率为 $f=1/T$。

（2）占空比：输出的 PWM 中，高电平保持的时间与该 PWM 的时钟周期之比就是占空比。如果一个 PWM 的频率是 1 Hz，低电平的持续时间是 800 ms，那么它的时钟周期就是 1 s，高电平持续的时间就是 200 ms，所以该 PWM 的占空比就是 1∶5。

（3）分辨率也就是占空比最小能达到多少，如 4 位的 PWM，理论的分辨率就是 1∶16（单斜率），8 位的 PWM 理论的分辨率就是 1∶255（单斜率）。但是，8 位的 PWM 的分辨率要达到 1∶255，计数器必须从 0 计数到 255，如果计数从 0 计到 100 之后又从 0 开始计到 100……那么它的分辨率最小就是 1∶100 了。

（4）双斜率/单斜率：假设一个 PWM 从 0 计数到 100，之后又从 0 计数到 100……这个就是单斜率。假设一个 PWM 从 0 计数到 100，之后是从 100 计数到 0……这个就是双斜率。

PMW 输出信号的占空比不同，意味着输出信号的平均功率不同。PWM 的占空比与功率可理解成正比关系，读者也可以通过实验测量确定占空比与平均功率的关系。设输出信号的最大输出功率为 P，则不同占空比对应的平均功率如表 6-1 所示。

表 6-1　PWM 占空比与输出功率的关系

占　空　比	0	25%	50%	75%	100%
输　出　功　率	0	0.25P	0.5P	0.75P	P

6.1.2 呼吸灯设计实现

本设计实现一个呼吸灯，通过 PWM 实现。PWM 周期为 5 s，是单斜率，设定的最高计数值是 4，每 1 s 重新设定一个比较值，设定的比较值分别是 0、1、2、3、4，这样就可以得到 5 个不同占空比的时间段，每个时间段为 1 s，控制 LED 灯的亮暗变化，产生呼吸的效果。实现源码如实例 6-1 所示。

实例 6-1 呼吸灯实现源码。

```verilog
module ledgrad_top(clk,rst,led);
    input clk,rst;
    output reg[3:0] led;
    // ----------------------------------------------------------//
    //50 MHz 经过 2^n 分频得到 95 Hz
    reg[18:0] clkdiv;
    wire clk_95Hz;
    assign clk_95Hz=clkdiv[18];
    always @(posedge clk,negedge rst) begin
        if(!rst) clkdiv<=0;
        else clkdiv<=clkdiv+1;
    end
    // ----------------------------------------------------------//
    //与梯度比较的变量(可理解为锯齿波),取值范围: 0～4
    reg[2:0] cnt;
    always @(negedge rst, posedge clk) begin
        if(!rst) cnt<=0;
        else begin
            if(cnt==4) cnt<=0;
            else cnt<=cnt+1;
        end
    end
    // ----------------------------------------------------------//
    //控制灯亮梯度的计数变量
    reg[8:0] cnt2;
    always @(negedge rst, posedge clk_95 Hz) begin
        if(!rst) cnt2<=0;
        else begin
            if(cnt2==499) cnt2<=0;
            else cnt2<=cnt2+1;
        end
    end
    // ----------------------------------------------------------//
    //控制灯亮梯度的梯度变量（可理解为设定的比较值）:5 个梯度
    reg[2:0] grad;
    always @(cnt2) begin
        if((cnt2>=0)&(cnt2<100)) grad<=0;
```

```
        else if((cnt2>=100)&(cnt2<200)) grad<=1;
        else if((cnt2>=200)&(cnt2<300)) grad<=2;
        else if((cnt2>=300)&(cnt2<400)) grad<=3;
        else if((cnt2>=400)&(cnt2<500)) grad<=4;
        else grad<=0;
    end
    // --------------------------------------------------//
    //产生 PWM 波控制灯通电的时间长短
    always@(cnt,grad)
        if(grad<cnt) led<=4'b0000;
        else led<=4'b1111;
endmodule
```

结合实例 6-1 的注释和图 6-1 来理解这段代码。

结合实例 4-4 对本设计的输入和输出指定引脚，然后进行综合、实现、生成配置文件、编程到开发板。下载到开发板后，可观察到 LED 灯的呼吸效果：由亮变暗，5 个梯度，依次循环。

6.1.3 拓展练习

（1）使 LED 灯在 1 s 内完成由暗逐渐变亮的过程，然后在下 1 s 内完成由亮逐渐变暗的过程，依次循环。

（2）使用两个按键完成自动和手动两个功能。其中：

功能键 S1：两个状态，第 1 个状态对应第一功能，呼吸灯自动变化；第 2 个状态对应第二功能，呼吸灯通过按键控制变化。

功能键 S2：5 个状态，分别对应灭、25%亮、50%亮、75%亮、100%亮，与功能键 S1 配合实现第二功能。

任务 16 序列检测器设计

【任务描述】 本任务设计"1101"序列检测器。在连续信号中，检测是否包含"1101"序列，当包含该序列时，指示灯亮，否则指示灯灭。

例如，"1110110110011101001"序列串，出现了 3 次"1101"，指示灯应该亮 3 次。其中第 1 次和第 2 次"1101"有部分码重用。

设计的具体要求：使用两个按键 KEY[0:1]输入 0 和 1，其中按动 KEY1 是输入 1，按动 KEY0 是输入 0，当连续信号中出现"1101"序列时，就点亮 LD0 灯，其他时候 LD0 灯灭。

【知识点】 本任务除了前 5 章学过的知识点外，还需要学习以下知识点：

（1）脉冲产生电路的实现方法和应用技巧；

（2）序列串生成的方法和技巧；

（3）Mealy 状态机和 Moore 状态机的区别与联系；

（4）Moore 状态机的实现方法。

6.2 序列检测器

6.2.1 脉冲产生电路设计

脉冲有着广泛的用途,有对电路起开关作用的控制脉冲,有起统率全局作用的时钟脉冲,有做计数用的计数脉冲,有起触发启动作用的触发脉冲等。

当按键按下时,可以经过 FPGA 处理产生矩形脉冲。脉冲产生电路与按键去抖电路类似,区别在于 3 输入与门的最后一个输入要取反,如实例 6-2 所示。

实例 6-2 产生脉冲信号。

```verilog
module IP_pulse_gen(clk,rst,key,pulse);
    input clk;
    input rst;
    input key;
    output pulse;
    // ------------------------------------------------------//
    reg key_r,key_rr;   //寄存 key 值
    always@(negedge rst,posedge clk) begin
        if(!rst) begin
            key_r<=0;
            key_rr<=0;
        end
        else begin
            key_r<=key;
            key_rr<=key_r;
        end
    end
    // ------------------------------------------------------//
    //在按键按下后会产生一个脉冲信号,脉宽为 clk 的周期
    assign pulse=~key_r & key_rr;
endmodule
```

右侧二维码：扫一扫看 产生脉冲 信号代码

请读者将实例 6-2 和实例 5-13 结合来理解脉冲产生电路与按键消抖电路的区别与联系。

实例 6-2 的测试代码如实例 6-3 所示。

实例 6-3 IP_pulse_gen 模块的 testbench。

```verilog
`timescale 1ns / 1ns
module IP_pulse_gen_test;
    // Inputs
    reg clk;
    reg key;
    reg rst;
```

右侧二维码：扫一扫看 testbench 代码

```
    // Outputs
    wire pulse;
    // Instantiate the Unit Under Test (UUT)
    IP_pulse_gen uut (
        .rst(rst),
        .clk(clk),
        .key(key),
        .pulse(pulse)
    );
    initial begin
        clk = 0;
        forever
        #10 clk = ~clk;
    end
    initial begin
        key = 1;
        #80 key = 0;
        #200 key = 1;
    end
    initial begin
        rst = 1;
        #15 rst = 0;
        #30 rst = 1;
    end
endmodule
```

在 ModelSim 中运行实例 6-3，得到仿真波形，如图 6-2 所示。

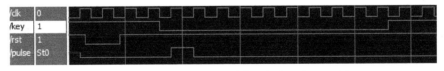

图 6-2　IP_pulse_gen 模块的仿真波形

IP_pulse_gen 模块中的输入信号 key 是经过消抖处理后的低电平信号。从图 6-2 中可以看出，当按键按下后，会产生一个脉冲信号，脉冲信号的持续时间为一个 clk 周期，而且脉冲信号的上升沿通常都会延后按键的下降沿一小段时间，当然这小段时间小于一个 clk 周期。

脉冲信号用途很广，可作为触发器或寄存器的时钟信号，这样可以实现控制触发器或寄存器单步传输数据。下面介绍的序列检测器就使用了脉冲信号。

6.2.2　序列检测器设计实现

扫一扫看序
列检测器设
计示例

1. Mealy 状态机和 Moore 状态机

Mealy 状态机和 Moore 状态机是可以转化的。图 6-3 和图 6-4 均描述了"1101"序列检测器的状态图，不同之处在于，前者使用的是 Moore 状态机，后者使用的是 Mealy 状态机。

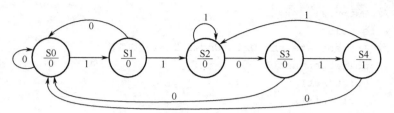

图 6-3 "1101" 序列检测器状态图——Moore 状态机

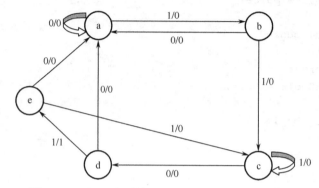

图 6-4 "1101" 序列检测器状态图——Mealy 状态机

图 6-4 中的状态图包含 5 个状态，可以看出，图中的状态 b 和状态 e，相同的输入得出相同的次态和输出，因此这两个状态等价。于是，可以将状态 e 去掉，与状态 e 的所有连接关系均连接到状态 b 上。这样，原来的 5 个状态就变成了 4 个状态：a、b、c、d。通常情况下，完成相同的功能，Mealy 状态机的状态数比 Moore 状态机少。

从图 6-3 和图 6-4 可以看出，实现 "1101" 序列检测的 Moore 状态机和 Mealy 状态机相关联并且可以相互转换。由此，可以得出 Moore 状态机向 Mealy 状态机转换的一般方法：状态图基本不变，只是将输出由状态里面放到状态外面，然后进行状态合并得到最简状态图。反之，由 Mealy 状态机向 Moore 状态机转换时，要稍微复杂一些，通常要增加一个或多个状态，才能将状态外的输出放在状态里面。

2. 使用 Moore 状态机实现序列检测器

下面使用 Moore 状态机实现 "1101" 序列检测器。

使用两个按键 KEY0 和 KEY1，将两个按键相与后作为脉冲产生模块的输入，所以，当按下任一按键时，均产生一个脉冲。

当有脉冲时，则读取序列数据。序列数据可直接读取 KEY0 的状态。当按下 KEY1 时，产生了脉冲，此时读取 KEY0 的状态为 1；当按下 KEY0 时，产生了脉冲，此时读取 KEY0 的状态为 0。这就相当于，当按下 KEY1 时，产生了序列数据 1；当按下 KEY0 时，产生了序列数据 0。

序列检测器设计的实现可分 3 步：一是按键消抖；二是产生脉冲；三是序列检测。序列检测时的状态转换参见图 6-3。具体实现代码如实例 6-4 所示。

实例 6-4 使用 Moore 状态机实现 "1101" 序列检测器。

```
module moore_seq_top(clk,rst,key,led);
```

```verilog
input clk;
input rst;
input[1:0] key;
output led;
// ----------------------------------------------------------//
//对使用的两个按键消抖
wire[1:0] keydeb;
IP_key_debounce #(2) U1(.keydeb(keydeb),
                        .rst(rst),
                        .clk(clk),
                        .key(key));
// ----------------------------------------------------------//
//调用脉冲产生模块产生脉冲
wire pulse;
IP_pulse_gen U2(.clk(clk),
                .rst(rst),
                .key(&keydeb),
                .pulse(pulse));
// ----------------------------------------------------------//
//通过按键产生序列数据
wire seq_d;
assign seq_d=keydeb[0];
// ----------------------------------------------------------//
//状态编码，采用顺序编码
reg[2:0] cur_st,next_st;
parameter s0=3'b000,s1=3'b001,s2=3'b010,s3=3'b011,s4=3'b100;
// ----------------------------------------------------------//
//完成序列检测的功能后，若有匹配的序列，则控制 LED 灯点亮
assign led=(cur_st==s4)? 0 : 1;   //低电平亮
// ----------------------------------------------------------//
//状态寄存器
//注意脉冲信号pulse的特征，输入信号下降沿时，脉冲信号为上升沿
always@(negedge pulse, negedge rst)
    if(!rst) cur_st<=s0;
    else cur_st<=next_st;
// ----------------------------------------------------------//
//完成序列检测的状态转换
always@(posedge pulse)
    case(cur_st)
        s0: if(seq_d==1) next_st<=s1;
            else next_st<=s0;
        s1: if(seq_d==1) next_st<=s2;
            else next_st<=s0;
        s2: if(seq_d==0) next_st<=s3;
            else next_st<=s2;
        s3: if(seq_d==1) next_st<=s4;
```

扫一扫看
序列检测
器代码

149

```
                else next_st<=s0;
        s4: if(seq_d==1) next_st<=s2;
                else next_st<=s0;
            default: next_st<=s0;
        endcase
    endmodule
```

本例使用的是 Moore 状态机，请结合注释和图 6-3 来理解。

结合实例 4-4 对本设计的输入和输出指定引脚，然后进行综合、实现、生成配置文件、编程到开发板。下载到开发板后，按 KEY1 或 KEY0 按键，其中 KEY1 键表示 1，KEY0 键表示 0，不断重复上述步骤，观察 LD0 的状态变化，并结合"1101"序列检测器的功能来理解这些现象。

6.2.3　拓展练习

（1）使用按键产生脉冲信号，脉冲信号应用于 D 触发器。

要求：一个按键 KEY0 控制 LED0 亮灭；另一个按键 KEY1 则产生脉冲信号作用于 D 触发器的时钟信号端，使 LED1 跟随 LED0 的效果；也就是说，按键 KEY0 控制 LED0，当按下 KEY1 按键后，LED1 的状态会跟 LED0 一致。

（2）使用按键产生脉冲信号，该信号用作十六进制计数器的时钟信号，当按下按键时，计数器实现加 1 计数，计数结果显示在数码管中。

（3）使用 Mealy 状态机实现"1101"序列检测器。

（4）对于序列检测器功能，在检测出序列的基础上，对检测出现的次数进行累加计数，并将计数结果显示在数码管上。

（5）对于序列检测器功能，使用 4 只数码管显示最近 4 次移入的数据，这样可使序列移入效果更直观。或者，使用 6 个 LED 灯将最近 6 次移入的序列展示出来。或者，使用液晶将最近 16 次移入的序列展现出来。

任务 17　反应测量仪设计

　扫一扫看反应测量仪微视频

　扫一扫看反应测量仪教学课件

【任务描述】　本设计实现一个反应测量仪，可用于测量人体的反应时间。要求：

（1）蜂鸣器随机响，当听到蜂鸣器响时，被测试者立即按键 KEY0，测量从蜂鸣器响到按下 KEY0 的时间，这段时间即人体反应时间。

（2）将该反应时间以十进制数的形式反映到液晶上，以 ms 为单位，当高位为 0 时不显示。注意：通常人体反应时间为 100～500 ms，因此我们用 4 位来显示反应时间（单位 ms），最大值为 9 999 ms。

【知识点】　本任务除了前 5 章学过的知识点外，还需要学习以下知识点：

（1）随机控制蜂鸣器响的处理方法；

（2）反应时间的获取方法；

（3）当十进制数高位全为 0 时，在液晶中不显示高位的方法；

（4）液晶显示信息的处理方法。

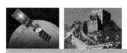

扫一扫看反
应测量仪设
计示例

6.3　反应测量仪

反应速度是人类的基本生理素质之一。反应测量仪能够定量地测定人的反应速度，同时还可以通过反应测量仪锻炼和提高人的这种素质，使被测试者变得机敏。

6.3.1　反应测量仪设计实现

本设计使用层次建模实现反应测量仪。顶层模块使用 3 个模块实现：U1、U2 和 U3，划分如图 6-5 所示。

各个模块的功能如下：U1 模块为输入处理部分，产生本设计所需的频率，随机控制蜂鸣器响；U2 模块测量反应时间，并生成显示数据；U3 模块则控制液晶显示。

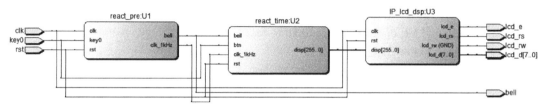

图 6-5　反应测量仪模块端口框图

根据图 6-5，可以很容易地得出实例 6-5 所示的代码。需要说明的是，本任务和本章后续的几个任务的知识点都体现在代码中，不再展开文字说明，参照注释很容易理解。

实例 6-5　反应测量仪源码。

```
module react_top(clk,rst,bell,key0,lcd_e,lcd_rw,lcd_rs,lcd_d);
    input clk,rst,key0;
    output bell;
    output lcd_e,lcd_rw,lcd_rs;
    output [7:0] lcd_d;
    wire[255:0] disp;
    wire clk_1 kHz;
    react_pre U1(.clk(clk),
                .rst(rst),
                .key0(key0),
                .bell(bell),
                .clk_1 kHz(clk_1 kHz));
    react_time U2(.clk_1 kHz(clk_1 kHz),
                .rst(rst),
                .bell(bell),
                .btn(key0),
                .disp(disp));
    IP_lcd_dsp U3(.clk(clk),
                .rst(rst),
                .disp(disp),
```

扫一扫看
反应测量
仪源码

```
                        .lcd_e(lcd_e),
                        .lcd_rw(lcd_rw),
                        .lcd_rs(lcd_rs),
                        .lcd_d(lcd_d));
endmodule
// =======================================================//
//输入处理部分: 随机控制蜂鸣器 BELL 响
// =======================================================//
module react_pre(clk,rst,key0,bell,clk_1 kHz);
    input clk,rst,key0;
    output reg bell;
    output reg clk_1 kHz;
    // -------------------------------------------------------//
    //产生1  kHz 频率
    reg[14:0] cnt;
    always @(negedge rst,posedge clk) begin
        if(!rst) begin
            clk_1 kHz<=0;
            cnt<=0;
        end
        else begin
            if(cnt==25000-1) begin
                cnt<=0;
                clk_1 kHz<=~clk_1 kHz;
            end
            else cnt<=cnt+1;
        end
    end
    // -------------------------------------------------------//
    //控制蜂鸣器 BELL 响停, 随机时间可调
    reg[11:0] cnt2;
    always @(negedge rst,posedge clk_1 kHz) begin
        if(!rst) begin
            cnt2<=0;
            bell<=1;                    //不响
        end
        else begin
            if(cnt2>=4 000) begin       //约 4 s, 此处可修改设置间隔时间
                cnt2<=0;
                bell<=0;
            end
            else cnt2<=cnt2+1;
            if(key0==0) begin
                bell<=1;
                cnt2<=0;                //按下按键后, 蜂鸣器停且间隔计数值清 0
            end
```

```
        end
    end
endmodule
// =======================================================//
//测量反应时间,并生成显示数据
// =======================================================//
module react_time(clk_1 kHz,rst,bell,btn,disp);
    input clk_1 kHz;
    input rst;
    input bell,btn;
    output[255:0] disp;
    wire[127:0] disp1,disp2;
    assign disp={disp1,disp2};
    assign disp1="  react time    ";
    reg[15:0] react_time;
    reg[15:0] cnt=0;
    wire[7:0] SM3,SM2,SM1,SM0;
    // -------------------------------------------------------//
    //高位的处理:注意高位为 0 时不显示出来
    assign SM3=(react_time[15:12]==0)? 8'h20:(react_time[15:12]+8'h30);
    assign SM2=(react_time[15:8]==0)? 8'h20:(react_time[11:8]+8'h30);
    assign SM1=(react_time[15:4]==0)? 8'h20:(react_time[7:4]+8'h30);
    assign SM0=react_time[3:0]+8'h30;
    // -------------------------------------------------------//
    //生成显示数据
    assign disp2={{4{8'h20}},SM3,SM2,SM1,SM0,8'h20,8'h6d,8'h73,{5{8'h20}}};
    // -------------------------------------------------------//
    //测量反应时间
    always @(negedge rst,posedge clk_1 kHz) begin
        if(!rst) react_time<=0;
        else begin
            if(btn==0) react_time<=cnt;
            else begin
                if(bell==0) begin                          //计数最大值为 9999
                    if(cnt==9 999) cnt <= 0;
                    else begin
                        if(cnt[3:0]==9) begin                  //个位
                            cnt[3:0] <= 0;
                            if(cnt[7:4]==9) begin              //十位
                                cnt[7:4] <= 0;
                                if(cnt[11:8]==9) begin         //百位
                                    cnt[11:8] <= 0;
                                    if(cnt[15:12]==9) begin    //千位
                                        cnt[15:12] <= 0;
                                    end
                                    else cnt[15:12] <= cnt[15:12]+1;
```

```
                        end
                        else cnt[11:8] <= cnt[11:8]+1;
                    end
                    else cnt[7:4] <= cnt[7:4]+1;
                end
                else cnt[3:0] <= cnt[3:0] + 1;
            end
        end
        else cnt=0;      //铃不响即将反应时间清 0，否则反应时间加 1 计数
      end
    end
  end
endmodule
```

结合实例 6-2 的注释和图 6-5 来理解这段代码。

结合实例 4-4 对本设计的输入和输出指定引脚，然后进行综合、实现、生成配置文件、编程到开发板。下载到开发板后，当听到蜂鸣器响，立即按键 K4，观察液晶上显示的数字。多测量几次，取最后 3 次的平均值，计算自己的反应时间。

6.3.2 拓展练习

（1）为反应测量仪增加报警功能：当反应时间超过 2 s 时报警，报警可仅限于 LED 闪烁或蜂鸣器鸣响，也可以声光同时报警。

（2）进一步完善该反应测量仪，为反应测量仪增加累计测量次数、求平均值等功能。

任务 18　数字跑表设计

扫一扫看数字跑表微视频

【任务描述】　本设计实现一个数字跑表，具体要求如下：

（1）最大计时范围为 59 分 59.99 秒。

（2）复位、启动和暂停功能：设置键 4 作为复位，键 1 进行启动计时和暂停转换。

每次使用数字跑表时，均需要按复位按钮，进入复位状态。复位功能时清除各种功能模式，并将时间值和所有时间记录都清 0。

复位后，按动键 1，则开始计时，再次按该键，则变为暂停。再次使用数字跑表时，仍从复位开始。

在计时模式可记录并存储 8 个人的时间记录；在暂停功能时可查看所记录的所有人的时间信息，信息显示在液晶上。

（3）记录功能：设置键 2 作为记录按键，每按 1 次，则记录一个人的时间信息，可最多同时记录 8 个人的时间成绩。

（4）查看记录功能：在暂停模式下，可以使用按键 3 来查看最多 8 个人的时间成绩。

【知识点】　本任务除了前 5 章学过的知识点外，还需要学习以下知识点：

（1）记录存储功能的实现方法；

（2）查看记录功能的实现方法。

（3）液晶显示信息的处理方法。

扫一扫看数字跑表教学课件

6.4 数字跑表

扫一扫看
数字跑表
设计示例

6.4.1 数字跑表设计实现

设计数字跑表，使用 3 个模块实现，模块连接关系如图 6-6 所示。

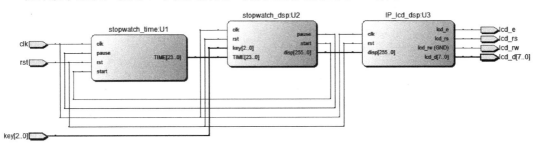

图 6-6 数字跑表模块端口框图

各个模块的功能如下：U1 实现分、秒和百分秒的正常计时。U2 通过按键 KEY1 设置启动、暂停、复位等 3 种功能模式；启动计时后，在正常计时过程中，通过按键 KEY2 记录时间值，最多可记录 8 个时间值；在暂停模式，通过按键 KEY3 可读取之前的记录，最多可读取 8 条记录。U3 则用于显示。

根据图 6-6，可以很容易地得出实例 6-6 所示的代码。

实例 6-6 数字跑表源码。

```
module stopwatch_top(clk,rst,key,lcd_e,lcd_rw,lcd_rs,lcd_d);
    input clk,rst;
    input[2:0] key;
    output lcd_e,lcd_rw;
    output lcd_rs;
    output[7:0] lcd_d;
    wire[255:0] disp;
    wire start,pause;
    wire[23:0] TIME;
    wire reset;
    // ------------------------------------------------------//
    //计时模块
    stopwatch_time U1(.clk(clk),
                    .rst(rst),
                    .start(start),
                    .pause(pause),
                    .TIME(TIME));
    // ------------------------------------------------------//
    //按键功能的实现及生成用于显示的时间数据
    stopwatch_dsp U2(.clk(clk),
                    .rst(rst),
```

扫一扫看
数字跑表
源码

```
                    .key(key),
                    .TIME(TIME),
                    .start(start),
                    .pause(pause),
                    .disp(disp));
    //液晶输出显示部分
    IP_lcd_dsp U3(.clk(clk),
                .rst(rst),
                .disp(disp),
                .lcd_e(lcd_e),
                .lcd_rw(lcd_rw),
                .lcd_rs(lcd_rs),
                .lcd_d(lcd_d));
endmodule
// ==========================================================//
//计时模块
// ==========================================================//
module stopwatch_time(clk,rst,start,pause,TIME);
    input clk;
    input rst;
    input start,pause;
    output[23:0] TIME;
    // ---------------------------------------------------------//
    //分频，由 50 MHz 产生 100 Hz 的频率
    reg[17:0] cnt;
    reg clk_100 Hz;
    always @(negedge rst,posedge clk) begin
        if(!rst) begin
            clk_100Hz<=0;
            cnt<=0;
        end
        else begin
            if(cnt==250000-1) begin
                cnt<=0;
                clk_100Hz<=~clk_100Hz;
            end
            else cnt<=cnt+1;
        end
    end
    // ---------------------------------------------------------//
    //生成跑表的时间信息
    reg[7:0] min,sec,msec;
    assign TIME={min,sec,msec};
    // ---------------------------------------------------------//
    //百分秒
    reg sec_clk;
```

```verilog
always @(negedge rst,posedge clk_100Hz) begin
    if(!rst) begin
        msec<=0;
        sec_clk<=0;
    end
    else begin
        if(pause) msec<=msec;
        else if(start)begin
            if(!(msec^8'h99)) begin
                msec<=0;
                sec_clk<=1;
            end
            else begin
                sec_clk<=0;
                if(msec[3:0]==4'b1001) begin
                    msec[3:0]<=4'b0000;
                    msec[7:4]<=msec[7:4]+1'b1;
                end
                else msec[3:0]<=msec[3:0]+1'b1;
            end
        end
    end
end
// ----------------------------------------------------------//
//秒
reg min_clk;
always @(negedge rst,posedge sec_clk) begin
    if(!rst) begin
        sec<=0;
        min_clk<=0;
    end
    else begin
        if(pause) sec<=sec;
        else if(start)begin
            if(!(sec^8'h59)) begin
                sec<=0;
                min_clk<=1;
            end
            else begin
                min_clk<=0;
                if(sec[3:0]==4'b1001) begin
                    sec[3:0]<=4'b0000;
                    sec[7:4]<=sec[7:4]+1'b1;
                end
                else sec[3:0]<=sec[3:0]+1'b1;
            end
```

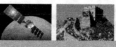

```
                        end
                end
            end
        // -----------------------------------------------------------//
        //分
        always @(negedge rst,posedge min_clk) begin
            if(!rst) min<=0;
            else begin
                    if(pause)    min<=min;
                    else if(start) begin
                        if(min==8'h59)  min<=8'h00;
                        else begin
                            if(min[3:0]==9) begin
                                min[3:0]<=0;
                                min[7:4]<=min[7:4]+1'b1;
                            end
                            else min[3:0]<=min[3:0]+1'b1;
                        end
                    end
                end
            end
        end
endmodule
// ==============================================================//
//按键功能的实现及生成用于显示的时间数据
// ==============================================================//
module stopwatch_dsp(clk,rst,key,TIME,start,pause,disp);
    input clk;
    input rst;
    input[2:0] key;
    input[23:0] TIME;
    output start,pause;
    output[255:0] disp;
    // -----------------------------------------------------------//
    //按键消抖
    wire[2:0] btn;
    IP_key_debounce #(3) U0(.clk(clk),
                        .rst(rst),
                        .key(key),
                        .keydeb(btn));
    // -----------------------------------------------------------//
    //寄存按键信息
    reg[2:0] btn_r;
    always@(posedge clk,negedge rst)
        if(!rst) btn_r<=3'b000;
        else btn_r<=btn;
    // -----------------------------------------------------------//
```

```verilog
//条件变量设置：启动设置、暂停设置
reg[1:0] sel;
always @(posedge clk,negedge rst) begin
    if(!rst)  sel<=0;
    else begin
        if(btn_r[0]&(~btn[0]))              //通过按键在3种模式间切换
            if(sel==2) sel<=0;
            else sel<=sel+1;
    end
end
assign  start = (sel==2'b01)? 1'b1 : 1'b0;
assign  pause = (sel==2'b10)? 1'b1 : 1'b0;
// ------------------------------------------------------//
//存储记录
reg[2:0] cnt1;                              //用于存储数据的计数
reg[191:0] record;
always @(negedge rst,negedge btn[1]) begin
    if(!rst) cnt1 <= 7;                     //按键后则为0
    else if(start) cnt1 <= cnt1+1;          //取值范围：0~7
end
always @(posedge clk,negedge rst) begin
        if(!rst) record=192'd0;
        else begin
            case(cnt1)                      //最多存储8个时间值
                0: record[23:0]<=TIME;
                1: record[24*2-1:24]<=TIME;
                2: record[24*3-1:24*2]<=TIME;
                3: record[24*4-1:24*3]<=TIME;
                4: record[24*5-1:24*4]<=TIME;
                5: record[24*6-1:24*5]<=TIME;
                6: record[24*7-1:24*6]<=TIME;
                7: record[24*8-1:24*7]<=TIME;
            endcase
        end
end
// ------------------------------------------------------//
//查看记录
reg[2:0] cnt2;                              //用于读取数据的计数
reg lookin;
always @(negedge rst,negedge btn[2])
    if(!rst) begin
        lookin <=0 ;
        cnt2 <= 7;                          //按键后则为0
    end
    else if(pause) begin
        lookin <=1 ;
```

```
            cnt2 <= cnt2+1;                        //取值范围：0～7
        end
//  ----------------------------------------------------------//
//显示信息的选择
reg[24:0] time_dsp;
always@(negedge rst,posedge clk)
    if(!rst) time_dsp=24'h00000000;
    else if(pause & lookin) begin
            case(cnt2)                     //最多存储 8 个时间值
            0: time_dsp<=record[23:0];
            1: time_dsp<=record[24*2-1:24];
            2: time_dsp<=record[24*3-1:24*2];
            3: time_dsp<=record[24*4-1:24*3];
            4: time_dsp<=record[24*5-1:24*4];
            5: time_dsp<=record[24*6-1:24*5];
            6: time_dsp<=record[24*7-1:24*6];
            7: time_dsp<=record[24*8-1:24*7];
            endcase
        end
    else time_dsp<=TIME;
//  ----------------------------------------------------------//
//生成显示信息
//第一行显示：分、秒、百分秒
//第二行显示：模式信息和时间值
wire[127:0] disp1;
reg[127:0] disp2;
reg[63:0] result_disp;
assign disp={disp1,disp2};
assign disp1="    M  S  MS  ";
always@(*) begin
    if(start) disp2<={" CLK: ",result_disp,8'd20,8'd20};
    else if(pause) begin
        if(lookin)
            case(cnt2)
            0:disp2<={" No1: ",result_disp,8'd20,8'd20};
            1:disp2<={" No2: ",result_disp,8'd20,8'd20};
            2:disp2<={" No3: ",result_disp,8'd20,8'd20};
            3:disp2<={" No4: ",result_disp,8'd20,8'd20};
            4:disp2<={" No5: ",result_disp,8'd20,8'd20};
            5:disp2<={" No6: ",result_disp,8'd20,8'd20};
            6:disp2<={" No7: ",result_disp,8'd20,8'd20};
            7:disp2<={" No8: ",result_disp,8'd20,8'd20};
            endcase
        else    disp2<={" STP: ",result_disp,8'd20,8'd20};
    end
    else disp2<=" RST: 00:00:00  ";
```

```
end
// ------------------------------------------------------------//
//将时间信息转换成液晶显示格式
always @(*) begin
    result_disp[63:56]<=time_dsp[23:20]+"0";
    result_disp[55:48]<=time_dsp[19:16]+"0";
    result_disp[47:40]<=":";
    result_disp[39:32]<=time_dsp[15:12]+"0";
    result_disp[31:24]<=time_dsp[11:8]+"0";
    result_disp[23:16]<=":";
    result_disp[15:8]<=time_dsp[7:4]+"0";
    result_disp[7:0]<=time_dsp[3:0]+"0";
    end
endmodule
```

请读者结合注释和图 6-6 来理解设计思路和方法。

结合实例 4-4 对本设计的输入和输出指定引脚，然后进行综合、实现、生成配置文件、编程到开发板。下载到开发板后，按下复位键 KEY4 复位后，按动键 KEY1 启动计时，在计时过程中，按动 KEY2 键 8 次可保存 8 个时间值；然后按动 KEY1 键进入暂停状态，此时，按动 KEY3 键 8 次可读取已保存的 8 个时间值。在操作过程中，可通过液晶直观地看到这些信息的变化。

6.4.2 拓展练习

完善数字跑表功能，增加 I²C 接口器件 AT24C02，用于永久存储结果。当前的代码仅将中间结果存储在变量中，没有实现永久存储，若突然跑表没有电了，则当前存储的结果会消失。增加 I²C 接口器件，将中间结果永久保存起来，可以防止跑表突然没电导致数据丢失的情况。

任务 19 多功能数字钟设计

 扫一扫看多功能数字钟

 扫一扫看多功能数字钟教学课件

【任务描述】 本设计实现一个多功能数字钟，具体要求如下：

（1）计时功能：包括时、分、秒计时，精确至秒，如图 6-7 所示。

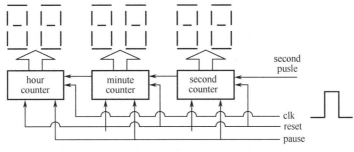

图 6-7 多功能数字钟

（2）定时功能：可设定闹钟定时的小时值和分钟值。

（3）校时功能：根据当前准确时间对小时、分钟能手动调整以校准时间。通过按键来修改小时、分钟值，完成对小时、分钟的校准。

（4）闹钟功能：可以设定闹铃的值和分钟值。待计时值与闹铃设定值一致时，则发生 1 min 的声光报警。

（5）复位功能：复位后进入计时功能，计时从"00：00：00"重新开始。

（6）在任何情况下，直接按 rst 键都会重新进入计时模式。

（7）按动按键 1 可依次在计时、校时和闹钟 3 种模式间转换。

（8）在闹钟或者校时模式下，按动按键 2 则依次在小时调整和分钟调整两种模式间转换。在小时调整模式下，按动键 3 则加 1 修改小时值；在分钟调整模式下，按动键 3 则加 1 修改分钟值。调整小时或分钟时，相应的被调整的对象会闪烁。

（9）校准后，再进入计时模式，要求小时和分钟已更新为校准后的时间。进入校准模式时，要求在当前的小时和分钟值的基础上进行校准。

（10）所有操作都可以通过液晶观察。

【知识点】 本任务除了前 5 章学过的知识点外，还需要学习以下知识点：

扫一扫看具有校时和闹钟功能的数字钟设计示例

（1）计时、校时、闹钟模块的实现方法；

（2）校时模块和计时模块两者时间同步的方法；

（3）校时、闹铃设置时相应的位闪烁的方法；

（4）计时时间、校时时间、闹钟时间送液晶显示时的处理方法。

6.5 多功能数字钟

扫一扫看多功能数字钟设计代码

6.5.1 多功能数字钟设计实现

对于数字钟来说，需要计时、校时、闹钟等功能及其相应的显示处理。

本设计使用二级层次建模。顶层模块使用两个模块实现：U1 实现模式设定及正常计时、校准时钟、闹铃设定等功能；U2 则实现闹铃时间到的声光报警以及各模式下的时间信息的显示。各模块及端口连接见图 6-8。

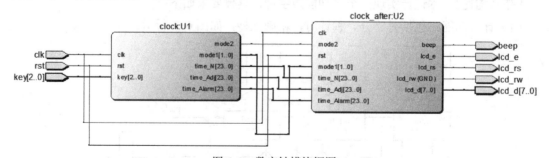

图 6-8　数字钟模块框图

在 U1 模块中，分成了 4 个模块：U11 实现模式设定功能；U12 实现正常计时功能；U13 实现校准时间功能；U14 实现闹铃时间设定功能。4 个模块及相互连接见图 6-9。

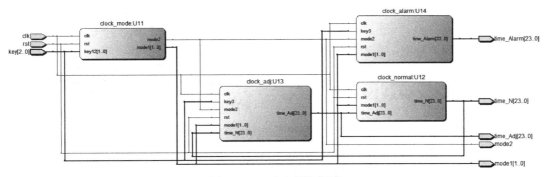

图 6-9　U1 内部模块框图

在 U2 模块中，分成了 4 个模块：U21 实现正常计时、校准时间、闹铃设定等显示信息的整合，并且按着液晶格式的要求生成显示信息；U22 比较闹铃设定时间与当前正常计时时间，若一致则输出闹铃使能；U23 实现在液晶上显示信息；U24 实现闹铃时间到的声光报警。4 个模块及相互连接见图 6-10。

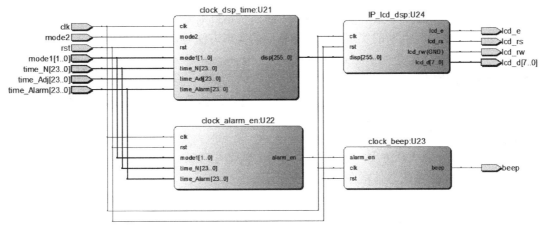

图 6-10　U2 内部模块框图

依据图 6-8～图 6-10，对每个模块予以实现。本项目完成的功能较多，所以代码比较复杂。作者给出了大量的注释，请读者结合注释和图 6-8～图 6-10，分模块阅读理解代码。

限于篇幅，本任务完整的代码请扫描二维码下载。

结合实例 4-4 对本设计的输入和输出指定引脚，然后进行综合、实现、生成配置文件、编程到开发板。程序下载到 FPGA 后，首先进入的是正常计时模式，液晶显示"00：00：00"，然后每 1 s 加 1。接下来，请读者结合本节数字钟的设计要求进行计时、闹钟和校时 3 种模式的操作。

6.5.2　拓展练习

（1）增加整点报时功能：每逢整点，产生"嘀嘀嘀嘀—嘟"四短一长的报时音。

（2）完善闹铃功能：在闹钟定时到的时刻，启动闹铃响，闹铃音为急促的"嘀嘀嘀"音，响声延续 30 s；或者将闹铃音设置为一段 60 s 的音乐。

（3）完善本节数字钟功能。本节的数字钟由于在初始计时时，闹铃值和正常计时值一样，因此会导致闹铃响 1 min。请读者使用按键来开启或关闭闹钟功能，并用 1 个 LED 灯指示是否开启了闹钟功能，亮表示已开启，不亮表示未开启。

任务 20　贪吃蛇游戏设计

 扫一扫看贪吃蛇游戏设计示例　　 扫一扫看多功能计算器设计示例

【任务描述】　实现贪吃蛇的基本游戏功能。具体要求如下：

（1）通过标准键盘的方向键（left、right、down、up）控制贪吃蛇的移动。

（2）老鼠随机出现。每当蛇吃到老鼠后，则又在屏幕随机位置出现一个新的老鼠，同时蛇身变长。

（3）蛇头与蛇身相撞，则蛇死亡，游戏结束。

【知识点】　本任务除了前 5 章学过的知识点外，还需要学习以下知识点：

（1）贪吃蛇游戏架构设计思路和方法；

（2）游戏核心算法的顶层规划；

（3）游戏核心算法的 Verilog 语言实现方法：包括判断是否吃到老鼠，以及吃到后的处理方法、蛇死亡的条件判断的实现方法、蛇移动的实现方法等。

6.6　贪吃蛇游戏

 扫一扫看贪吃蛇游戏微视频　　 扫一扫看贪吃蛇游戏教学课件

6.6.1　贪吃蛇游戏架构设计

贪吃蛇游戏是一款大众游戏，简单好玩，本节尝试使用 FPGA 来实现这款游戏的基本功能。本游戏硬件平台系统总体框图如图 6-11 所示。

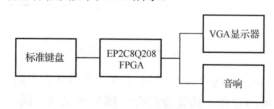

图 6-11　游戏硬件平台系统总体框图

图 6-11 中，使用 VGA 显示器作为游戏机的显示输出终端，使用音响播放背景音乐和场景音乐，对音乐要求不高时可以使用蜂鸣器替代音响，使用 PS2 标准键盘作为人机交互的输入终端，使用 Altera 公司的 EP2C8Q208 芯片作为游戏平台的控制核心，采用 HDL 硬件描述语言在 FPGA 芯片上实现对整个游戏的全程控制。

按照实现功能的不同，在 FPGA 内部又分以下 4 个模块予以实现，如图 6-12 所示。

下面分别就图 6-12 中的 4 个模块进行简单说明。

PS2 键盘输入模块负责与标准键盘的接口处理，读取来自标准键盘的按键信息并负责解码。该模块不停扫描标准键盘，当有按键按下时，获取该按键的通码和断码信息，并根据该按键被赋予的功能控制贪吃蛇的上、下、左、右 4 个方向的移动，控制游戏的重新开始、暂停、继续、结束，设置游戏的通关级别等。

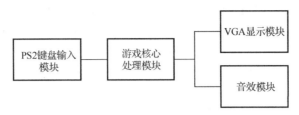

图 6-12　FPGA 内部的功能模块划分

　　VGA 显示模块负责与 VGA 显示器的接口处理，将游戏需要显示的信息正常显示在 VGA 显示器上。该模块显示贪吃蛇的蛇头、蛇身、老鼠、蛇的移动等基本信息，以及当前蛇的长度、游戏玩家、当前的通关级别等拓展信息。

　　音效模块负责与音响的接口处理，驱动音响根据特定的场景发出特定的声音。当蛇吃到老鼠时、蛇死亡时、游戏正常运行时，分情况设置不同的音效。

　　游戏核心处理模块则负责实现贪吃蛇游戏的核心算法。贪吃蛇的核心算法是如何实现移动和吃掉老鼠。在移动时，需要在当前运动方向上蛇头位置之前添加一个节点，然后删除尾节点，最后把蛇身中的所有节点依次显示，这样就可以达到移动的效果。对是否吃到老鼠，需要对蛇和老鼠进行碰撞检测，检测未碰撞在一起则只需要执行移动操作，碰撞在一起时表示吃到老鼠。当吃到老鼠时，则需把老鼠入队，即在蛇身上再添加一个节点，从而达到身体增长的效果。当贪吃蛇吃到老鼠的同时，还要在随机位置产生新的老鼠。

　　使用 Verilog 代码实现贪吃蛇的游戏框图如图 6-13 所示。U1 模块和 U3 模块分别调用了前面章节的 PS2 键盘和 VGA 显示器的 IP 核。

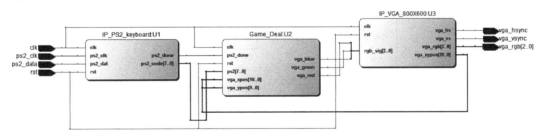

图 6-13　贪吃蛇游戏顶层实现模块

　　下面着重介绍游戏核心处理模块 Game_Deal 的实现。游戏核心处理模块又分为两个子模块予以实现，如图 6-14 所示。

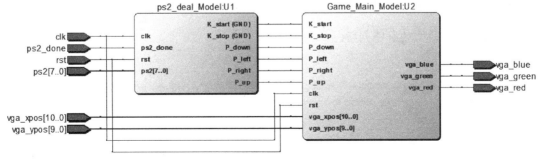

图 6-14　游戏核心处理模块的实现

图 6-14 中，ps2_deal_Model 模块将 PS2 键盘输入模块中得到的按键的通码数据 ps[7:0] 进行分析，得到控制游戏启动、停止的 K_start、K_stop 信号，以及控制贪吃蛇上、下、左、右移动的 P_down、P_up、P_left、P_right 信号。

Game_main_Model 模块则主要实现贪吃蛇的核心算法，将贪吃蛇当前的各种状态信息转化成 VGA 显示器的三基色 vga_blue、vga_green、vga_red 信号，并送 VGA 显示。

6.6.2 贪吃蛇游戏设计实现

本游戏的设计思想：首先，用一个数组变量来描述蛇的状态，并进行初始化，其中包括头、尾、目标点坐标，移动方向，蛇身长度，节点个数和尾部移动方向。第二，在每次移动前判断是否有控制按键按下，有则修改蛇的状态。第三，判断下一步是否会出现蛇死亡的情况。第四，移动一步，清除尾点。最后，反复二、三、四步直到蛇死亡。游戏核心算法状态图如图 6-15 所示。

扫一扫看贪吃蛇游戏设计代码

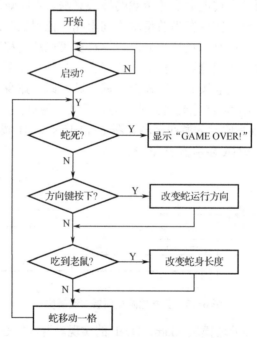

图 6-15　游戏核心算法状态图

下面给出部分核心算法的代码，见实例 6-7~实例 6-9。

实例 6-7　蛇死亡的条件判断。

```verilog
reg hit;
reg[N-1:0] hit_cnt;    //蛇身最长可达 2^N 个
always @(negedge rst, posedge clk)
    if(!rst) begin
        hit_cnt <= 1'b1;
        hit <= 1'b0;
    end
```

```
        else begin
            if(hit_cnt >= a) hit_cnt <= 1'b1;
            else begin
                hit_cnt <= hit_cnt + 1'b1;
                hit <= hit | ((m[0] == m[hit_cnt]) && (n[0] == n[hit_cnt]));
            end
        end
```

下面对上述代码做简要说明：变量 a 为当前蛇身的长度；hit 表示蛇是否死亡，通过逐一检测蛇头与蛇身中的每一个节点是否重叠来判断蛇头是否与蛇身相撞，若相撞则死亡。

实例 6-8　蛇移动的代码。

```
integer long_cnt;
    always @(posedge temp) begin
        if(m[0] > 575)  m[0] <= 200;
        else if(m[0] < 200) m[0] <= 575;
        else if( n[0] > 425)   n[0] <= 150;
        else if( n[0] < 150)   n[0] <= 425;
        else if(hit)
            begin m[0]<=0; n[0]<=0;the_end=1;end
        else
            begin                       //控制蛇行走方向
                case(state)
                    left : m[0] <= m[0] - 25;
                    right : m[0] <= m[0] + 25;
                    down : n[0] <= n[0] + 25;
                    up: n[0] <= n[0] - 25;
                    default : m[0] <= m[0]+25 ;
                endcase
                for(long_cnt=0; long_cnt<(2**N-1); long_cnt=long_cnt+1) begin
                    m[long_cnt+1] <= m[long_cnt];
                    n[long_cnt+1] <= n[long_cnt];
                end
            end
        end
    end
```

下面对上述代码做简要说明：变量 m 和 n 用来确定蛇头和蛇身每个节点在显示器中显示的位置。根据键盘的方向键指示的方向（left、right、down、up），改变变量 m 和 n，以达到蛇身移动的效果。

实例 6-9　判断是否吃到老鼠及吃到后的处理。

```
reg change;
always @(negedge rst, posedge clk)
    if(!rst) change <= 1'b0;
    else
```

```
        if(o==m[0]  && p==n[0])
            change <= 1'b1;
        else
            change <= 1'b0;
//吃到就增长
reg s_all;
integer a;
always @(negedge rst, posedge change)
    if(!rst) a<=1'b0;
    else if(a==2**N-1)    a <= 1'b0;
    else     a <= a + 1'b1;
```

下面对上述代码做简要说明：变量 p 和 o 用来指示老鼠的位置，当蛇头与老鼠重叠时，即意味着蛇吃到了老鼠。

限于篇幅，本任务完整的代码请扫描二维码下载。

结合实例 4-4 对本设计的输入和输出指定引脚，然后进行综合、实现、生成配置文件、编程到开发板。程序下载到 FPGA 后，可以看到在 VGA 显示器有一个移动的蛇和一个固定的老鼠，接下来可以按方向键来玩这个游戏。

6.6.3 拓展练习

本游戏实现了贪吃蛇的基本游戏功能，追求完美的游戏爱好者可以在本文已完成游戏的基础上在以下几个方面自行修改完善（示例）：

（1）可以设定游戏的通关级别为 6 级，每一级均对应着一个最大的贪吃蛇的长度。6 级对应的贪吃蛇的最大长度分别为：4、8、16、32、64、128。

（2）在显示器规划一个位置，显示当前的通关级别。

（3）增加蛇吃到老鼠时、蛇死亡时、游戏正常运行时等各种情况的音响效果。使用 FPGA 实现音乐播放器的技术非常成熟，在此不再赘述。

（4）在显示器规划一个位置，显示当前的游戏玩家及当前玩前的最好成绩。

（5）增加游戏暂停和启动功能。

通过完善，可以进一步增加游戏的个性及趣味性，满足玩家的需求。

知识小结

在学习按键、数码管、LCD、PS2、VGA 等接口项目开发的基础上，精选了几个数字系统设计项目，并对这些有趣实用的综合项目进行详细分析和实现，以便学习和掌握 FPGA 应用开发的设计思路和实现方法。

✓ 内容包括呼吸灯、反应测量仪、序列检测器、数字跑表、具有校时和闹钟功能的数字钟、贪吃蛇游戏等项目。同时，也介绍了脉冲产生电路及其应用、Mealy 状态机和 Moore 状态机的区别与联系等内容。

✓ 这些综合项目最大限度地发挥了开发板的作用，充分利用了开发板有限的接口资源，是比较经典的项目，这些项目的设计思路和实现方法值得借鉴。

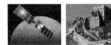

✓ "拓展练习"部分有助于对项目的深入理解和掌握，也有助于延伸项目的应用范围，感兴趣的读者可自行完成。

习题6

扫一扫看
本章习题

1. 频率计

设计一个频率计，具体要求如下：

（1）每次测量无须复位。每 4 s 测量 1 次，其中 1 s 用于测量，3 s 用于显示。测量时读数不变化，测量结束后，结果显示 3 s，之后重新测量。

（2）测频范围 1～9 999 Hz，采用液晶显示。当测量频率大于 9 999 Hz 时，显示"EEEE"，表示越限。

（3）将 50 MHz 的系统实钟信号分频得到 1 个低频信号，该信号可以通过按键 KEY0 设定 16 种不同的频率值，并用所设计的频率计测量所产生的低频信号的频率。

2. 交通控制器

实现一个常见的十字路口交通灯控制功能。一个十字路口的交通灯一般分为两个方向，每个方向具有红灯、绿灯和黄灯 3 种。具体要求如下：

（1）十字路口包含 A、B 两个方向的车道。A 方向放行 30 s（绿灯 25 s、黄灯 5 s），同时 B 方向禁行（红灯 30 s）；然后 A 方向禁行 30 s（红灯 30 s），同时 B 方向放行（绿灯 25 s、黄灯 5 s），如图 6-16 所示。以此类推，循环往复。

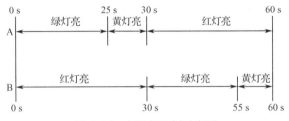

图 6-16 交通灯控制时序图

（2）实现正常的倒计时功能，用两组数码管作为 A 和 B 两个方向的倒计时显示，每组含两只数码管。

（3）当遇特殊情况时，可通过按 hold 键来实现特殊的功能，使 A、B 方向的红灯亮并且警告灯不停闪烁；计数器停止计数并保持在原来的状态；特殊情况处理完毕后可通过按 hold 键使交通灯正常运行，并正常计数。

3. 多功能计算器

实现多功能计算器。具体要求如下：

（1）该计算器可以实现加法、减法、乘法 3 种功能。3 种功能由按键 2 进行选择；两个运算数由键 1 和键 3 产生，每按一次键则使相应的运算数加 1。

（2）加、减、乘均产生一个结果，当按下键 4 时，产生运算结果并将结果显示在液晶上，显示格式分别为"3+2=5"、"8-14=-6"、"3×5=15"。

（3）要求参与运算的两个数为 9 以内的整数。

4. 音乐播放器

设计硬件乐曲演奏电路，具体要求如下：

（1）了解乐谱的一些基本知识，可以将乐谱转换为相应的 Quartus II 文件。

（2）识谱并演奏《沂蒙山小调》，乐曲的简谱如图 6-17 所示。

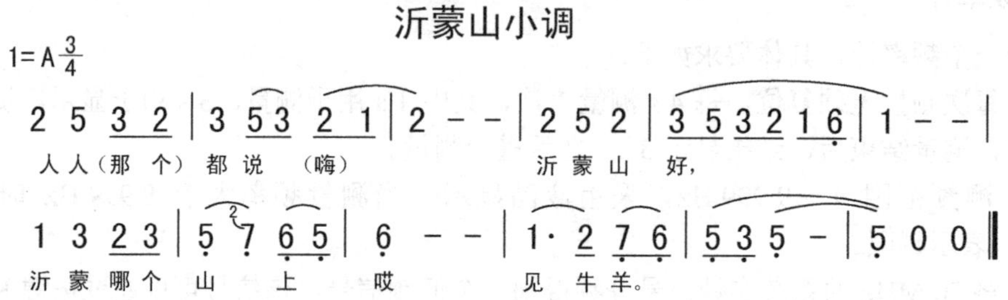

沂蒙山小调

1= A 3/4

2 5 3 2 | 3 53 21 | 2 - - | 2 5 2 | 3 53216 | 1 - - |

人人（那个）都说 （嗨）　　沂蒙山 好，

1 3 2 3 | 5 7 65 | 6 - - | 1·2 7 6 | 535 - | 5 00 |

沂蒙 哪个 山 上 哎　　见 牛羊。

图 6-17　沂蒙山小调的简谱

5. 密码锁

利用按键设置密码，也使用按键输入密码，设置密码还是输入密码由另外一个按键选择。当输入密码与设置密码相同时，则显示开锁成功，否则开锁不成功

要求：按键 1 选择设置密码和输入密码两种状态之一；按键 2 选择当前设置/输入的是哪一位密码；按键 3 则进行设置/输入，每按一次加1，可以设置/输入的值为 0、1、2、3。

注意：输入密码时，要完整地输入 4 位密码后才判断是否正确。密码值输入正确则 LED0 稳定地亮；密码输入错误则 LED0 以 3 Hz 的频率闪烁；其他情况下，LED0 不亮。

第**7**章

基于 MC8051 处理器核的
应用设计

扫一扫看
本章教学
课件

本章介绍 MC8051 IP Core 的应用，并通过一个 C51 应用程序对 8051 IP Core 进行硬件测试。本章旨在说明 MC8051 IP Core 的建立与应用，对于使用 MC8051 IP Core 进行更高级的、更深层次的应用开发则由读者自己去实现。

本章的 MC8051 IP Core（V1.5）源于 http://www.oreganosystems.at 网站，该网站也包含该 IP 核的使用说明（如 mc8051_ug.pdf），读者如有需要可到该网站下载。

本章的主要教学目标：通过详细的步骤让读者以最快的方式学会 MC8051 IP Core 在 FPGA 上的应用，并激起读者对 SOPC 技术的兴趣。

任务 21 基于 MC8051 处理器的数字钟设计

【任务描述】 本任务将实现"具有校时功能的数字钟"。具体要求如下：

（1）使用 4 个数码管显示时间信息，其中最左边的两个数码管显示分钟，最右边的两个数码管显示秒。

（2）使用 KEY1 和 KEY2 两个按键完成分钟的校准，其中：

① KEY1 用于切换 3 种模式：正常计时、分钟十位校准、分钟个位校准。在分钟十位校准和分钟个位校准模式下，相应的数码管要闪烁。

② KEY2 按键用于在校准时调整具体的数值，每按一次则加 1。

【知识点】 本任务假定读者已经有了 8051 单片机的应用开发基础知识，包括掌握了 8051 单片机的体系结构，能够编写 C51 程序代码，能够使用 Keil 软件（或其他编译软件）编译程序生成 8051 单片机可以运行的*.HEX 文件，能够使用下载器将*.HEX 文件下载到单片机，

等等。如果读者尚无 8051 单片机的应用开发经验，建议略去此章。在上述基础上，本任务还需要以下知识点：

（1）使用 VHDL 或 Verilog HDL 语言编写的 8051 软核的结构；

（2）将 8051 软核作为一个模块嵌入到 FPGA 应用项目中的方法；

（3）为 8051 配置存放程序所需的 ROM 的方法；

（4）为 8051 配置运行程序所需要的片内 RAM 和片外 RAM 的方法；

（5）为 8051 配置能使 8051 软核正常运行的系统时钟的方法；

（6）Quartus II 开发环境中宏功能模块 ALTPLL 的应用方法；

（7）MC8051 执行通过 Keil 软件生成的*.HEX 文件的方法。

7.1 MC8051 软核的基本结构

7.1.1 MC8051 层次结构

MC8051 IP Core 有以下功能特点：

✓ 采用完全同步设计；

✓ 指令集和标准 8051 微控制器完全兼容；

✓ 指令执行时间为 1～4 个时钟周期，执行性能优于标准 8051 微控制器 8 倍左右；

✓ 用户可选择定时器/计数器、串行接口单元的数量；

✓ 新增了特殊功能寄存器用于选择不同的定时器/计数器、串行接口单元；

✓ 可选择是否使用乘法器（乘法指令 MUL）；

✓ 可选择是否使用除法器（除法指令 DIV）；

✓ 可选择是否使用十进制调整功能（十进制调整指令 DA）；

✓ I/O 口不复用；

✓ 内部带 256 B RAM；

✓ 最多可扩展至 64 KB 的 ROM 和 64 KB 的 RAM。

MC8051 IP Core 的目录结构如图 7-1 所示。

上述目录结构中，本章仅使用 VHDL 这个目录及这个目录下面的文件。VHDL 源文件的命名格式如下：

（1）VHDL entities（实体）：entity-name_.vhd。

（2）VHDL architectures（结构体）：entity-name_rtl.vhdI（做逻辑设计）、entity-name_struc.vhd（做顶层例化）。

（3）VHDL configurations（配置文件）：entity-name_rtl_cfg. vhd、entity-name_struc_cfg.vhd。

MC8051 IP Core 的层次结构及对应的 VHDL 文件如图 7-2 所示。

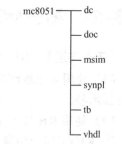

图 7-1　MC8051 IP Core 的目录结构

mc8051_core_ 由定时器/计数器、ALU、串行接口和控制单元各模块组成。ROM 和 RAM 模块不包括于核心内，处于设计的顶层，便于不同的应用设计及仿真。

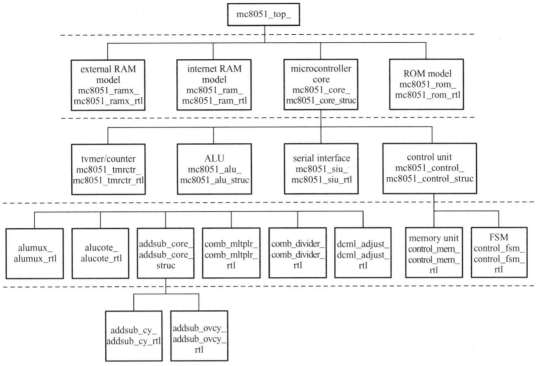

图 7-2   MC8051 IP Core 的设计层次

MC8051 IP Core 顶层结构图如图 7-3 所示，图中指示了 mc8051_core 的顶层结构以及同 3 个存储模块的连接关系，定时器/计数器和串行接口单元对应于图中的 mc8051_tmrctr 和 mc8051_siu 模块，数量是可选择的，在图中用虚线表示。

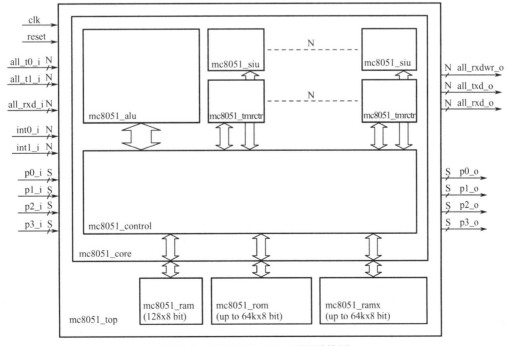

图 7-3   MC8051 IP Core 顶层结构图

图 7-3 中也同时显示了顶层模块 mc8051_top 的输入/输出 I/O 口，各 I/O 信号的描述如表 7-1 所示。

表 7-1　MC8051 IP Core 端口信号

信 号 名	描 述
clk	系统时钟，只用到时钟上升沿
reset	异步复位所有触发器
all_t0_i	定时器/计数器 0，输入引脚
all_t1_i	定时器/计数器 1，输入引脚
int0_i	外部中断 0，输入引脚
int1_i	外部中断 1，输入引脚
p0_i	P0 口输入引脚
p1_i	P1 口输入引脚
p2_i	P2 口输入引脚
p3_i	P3 口输入引脚
all_rxdwr_o	rxd 输入/输出方向控制信号（高电平输出）
all_txd_i	串口数据接收输入端
all_txd_o	串口数据输出引脚
all_rxd_o	串口工作于模式 0 时数据输出引脚
p0_o	P0 口输出引脚
p1_o	P1 口输出引脚
p2_o	P2 口输出引脚
p3_o	P3 口输出引脚

7.1.2　MC8051 硬件配置

1. 并行 I/O 口

为了便于 IC 设计，MC8051 IP Core 的 I/O 口不提供复用功能，包括 4 个 8 位输入/输出口、串行接口、计数器输入端和扩展存储器接口。

如果并行 I/O 要作为双向口应用，其基本电路结构图如图 7-4 所示。

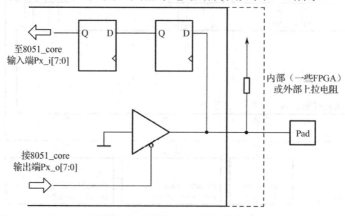

图 7-4　并行 I/O 口基本结构

图 7-4 中的两个 D 触发器起同步输入信号的作用，也可以不用。上拉电阻是必要的，因为 I/O 口输出高电平是靠上拉电阻实现的。

2. 定时器/计数器、串口和中断

标准的 8051 核只有两个定时器/计数器、一个串口和两个外部中断源。而在 MC8051 IP Core 中，这些单元最多可增加到 256 组，只需要在 VHDL 源程序文件 mc8051_p.vhd 中更改 C_IMPL_N_TMR、C_IMPL_N_SIU、C_IMPL_N_EXT 的常量值就可以了，范围是 1～256。

相关的代码如实例 7-1 所示。

实例 7-1　定时器/计数器、串口及中断的配置程序。

```
-----------------------------------------------------------------
-- Select how many timer/counter units should be implemented
-- Default: 1
constant C_IMPL_N_TMR : integer := 1;
-----------------------------------------------------------------

-----------------------------------------------------------------
-- Select how many serial interface units should be implemented
-- Default: C_IMPL_N_TMR ---(DO NOT CHANGE!)---
constant C_IMPL_N_SIU : integer := C_IMPL_N_TMR;
-----------------------------------------------------------------

-----------------------------------------------------------------
-- Select how many external interrupt-inputs should be implemented
-- Default: C_IMPL_N_TMR ---(DO NOT CHANGE!)---
constant C_IMPL_N_EXT : integer := C_IMPL_N_TMR;
-----------------------------------------------------------------
```

C_IMPL_N_TMR、C_IMPL_N_SIU、C_IMPL_N_EXT 这 3 个常量是不能独立修改数值的，也就是说只能同时增减。C_IMPL_N_TMR 加 1，就意味着 MC8051 IP Core 中同时添加了两个定时器/计数器、一个串口单元和两个外部中断源。

为了控制这些新增的控制单元，微控制器在特殊寄存器内存空间增加了两个寄存器，分别是 TSEL（定时器/计数器选择寄存器，地址为 0X8E）和 SSEL（串口选择寄存器，地址为 0X9A）。如果没有对这两个寄存器赋值，其默认值为 1。

如果在中断发生期间设备（寄存器）没被选中（比如 TSEL），那么相应的中断标志位将保持置位，直到中断服务程序被执行。

3. 可选择的指令

在某些场合，有些指令是用不到的，因此可以通过禁用这些指令来节省 FPGA 片上资源。这些指令有 8 位乘法器（MUL）、8 位除法器（DIV）和 8 位十进制调整器（DA）。禁用时只需要在 VHDL 源程序文件 mc8051_p.vhd 中将 C_IMPL_MUL（乘法指令 MUL）、C_IMPL_DIV（除法指令 DIV）或 C_IMPL_DA（十进制调整指令 DA）的常量值设置为 0 即可。相应的 VHDL 程序代码段如实例 7-2 所示。

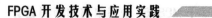
实例 7-2 可选指令配置程序。

```
---------------------------------------------------------------
-- Select whether to implement (1) or skip (0) the multiplier
-- Default: 1
constant C_IMPL_MUL : integer := 1;
---------------------------------------------------------------

---------------------------------------------------------------
-- Select whether to implement (1) or skip (0) the divider
-- Default: 1
constant C_IMPL_DIV : integer := 1;
---------------------------------------------------------------

---------------------------------------------------------------
-- Select whether to implement (1) or skip (0) the decimal adjustment
command
-- Default: 1
constant C_IMPL_DA : integer := 1;
---------------------------------------------------------------
```

扫一扫看可
选指令配置
程序代码

这 3 条可选择指令如果没被设置执行，FPGA 芯片可节省将近 10%的资源。

7.1.3　MC8051 使用说明

（1）MC8051 IP Core 的定时器和串口波特率的计算和标准 8051 一样，计数时钟也是由系统时钟经 12 分频得到的。

（2）外部中断信号是经两级寄存器做同步处理后输入的。

（3）MC8051_core 的输入 I/O 没有做同步处理，必要时可自己添加，如图 7-4 所示。

（4）写应用程序时，I/O 口如果没有做成双向口（如图 7-4 所示），而是输入和输出分开的，那么要特别注意，像 P1=~P1、P1^0=~P1^0 这样的 I/O 取反操作是无效（不起作用）的，因为读回来的值不是 I/O 寄存器的值，而是输入引脚的状态。

（5）MC8051 IP Core 经 Quartus II 综合编译后，观看时序分析报告，其最高运行频率 f_{max} 为 18.05 MHz（每次编译都可能不同，I/O 分配不同也可能导致结果不同），因此给 MC8051 添加系统时钟时不能超过时序报告的时钟最高频率。

本节介绍 MC8051 IP Core 的基本硬件结构和一些设计应用的注意事项，内容比较简略，更详细的关于 MC8051 的资料可参考 mc8051_ug.pdf 文档。

7.2　MC8051 软核在 Quartus II 中的应用

本节将建立 MC8051 IP Core，进行硬件下载运行并测试 I/O 口及定时器，用到的硬件资源有 FPGA、数码管、按键和 LED 灯。具体包括以下内容：

（1）生成 ROM/RAM 模块；

（2）建立 MC8051 IP Core；

（3）建立 PLL 数字锁相环模块；

（4）建立原理图顶层模块；

（5）编译并下载设计到目标 FPGA。

7.2.1　新建原理图文件和 Quartus II 工程

首先在 D 盘创建一个目录 mc8051，然后将 vhdl 整个文件夹复制到目录 "D:\mc8051"，并新建两个文件夹 software 和 pin，software 将用于存放 8051 运行的软件，pin 用于存放引脚约束的脚本文件。

然后，创建一个新工程。任何一项设计都是一项工程（project），必须首先为此工程建立一个放置与此工程相关的所有文件的文件夹，此文件夹将被 Quartus II 默认为工作库（Work Library）。一般来说，不同的设计项目最好放在不同的文件夹中，而同一工程的所有文件都必须放在同一文件夹中。不要将文件夹设在计算机已有的安装目录中，更不要将工程文件直接放在安装目录中。文件夹所在路径名和文件夹名中不能用中文，不能用空格，不能用括号（），可用下画线_，最好也不要以数字开头。

在创建工程的步骤一中，设置新工程的目录为 "D:\mc8051"，工程为 mcu8051_sch，如图 7-5 所示。

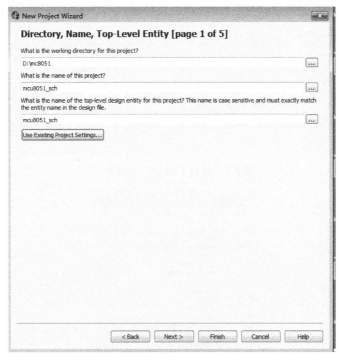

图 7-5　新建工程——设置文件名和目录

在创建工程的步骤二中，通过该对话框将 VHDL 目录下的所有文件全部添加到该工程中，含 "_cfg" 的文件除外，如图 7-6 所示。

在创建工程的步骤三中，选择开发板中使用的 FPGA 器件 EP2C8Q208C8。

对于创建工程的其他步骤，都选择默认值，最后完成新工程的创建。

接下来，新建一个原理图文件，如图 7-7 所示。

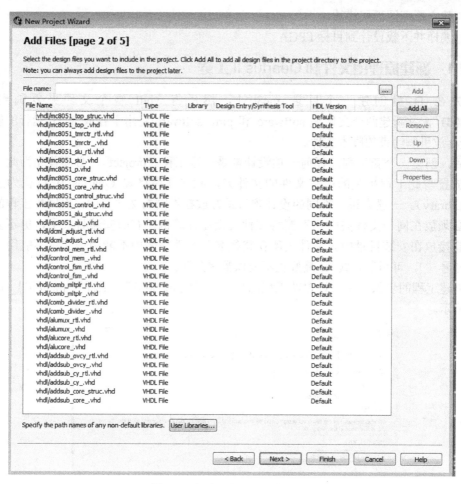

图 7-6　新建工程——添加文件

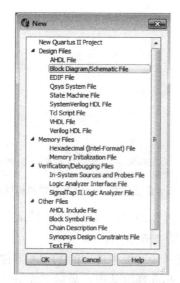

图 7-7　新建一个原理图文件

然后单击"OK"按钮。对于新建的文件先不做任何操作，直接另存为"mcu8051_sch.bdf"，文件目录为"D:\mc8051"。单击"保存"按钮，原理图文件即创建完成。

由于 VHDL 目录下没有可以综合的 mc8051_ram、mc8051_ramx、mc8051_rom 这 3 个存储器模块，为了使用 mc8051 IP 核，接下来首先要使用 Quartus II 产生 mc8051 所需要的可综合的 mc8051_ram、mc8051_ramx、mc8051_rom 这 3 个存储器模块。

7.2.2　生成 ROM/RAM 模块

MC8051 中所需要的存储模块有：内部 RAM、扩展 RAM 和 ROM。其中内部 RAM 和 ROM 是必需的，内部 RAM 固定为 128 B，ROM 最大可选 64 KB，鉴于 FPGA 片上 RAM 资源有限（EP2C8 的片上 RAM 为 20.25 KB=165 888 b/8/1024），这里我们选择 8 KB（可根据程序大小自行修改）；扩展 RAM 是可选的，最大也可以达到 64 KB，这里我们选择 2 KB。

1. 生成 ROM 模块

打开原理图文件 mcu8051_sch.bdf，双击空白区域，出现"symbol"对话框。双击对话框左下面的 MegaWizard Plug-In Manager... 图标，即可创建 Quartus II 宏功能模块。

在创建宏功能模块的第一个步骤中，选择第一个选项，创建一个新的宏功能模块，如图 7-8 所示。

图 7-8　创建新宏功能模块

在创建宏功能模块的第二个步骤中，展开"Memory Compiler"选项，选中"ROM:1-PORT"，并为新建的 ROM 起一个名字"mc8051_rom"，如图 7-9 所示。

在图 7-9 中选择"Verilog HDL"，表示稍后所设定的 IP 模块以 Verilog 表示，当然也可以选择 VHDL。这里的设定并不意味着后面只能用 Verilog 或 VHDL 写代码，因为 Quartus II 本来就允许 Verilog 与 VHDL 混合编程，也就是说 Verilog 的 module 可以使用 VHDL 的 entity，VHDL 的 entity 可以使用 Verilog 的 module，最后都能顺利编译。

FPGA 开发技术与应用实践

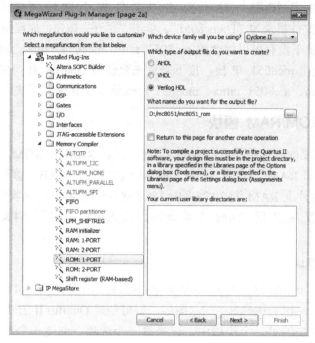

图 7-9　宏功能模块

在创建宏功能模块的第三个步骤中，在弹出的对话框中设置存储器存储容量，即设置数据位宽和数据个数，此处设置存储容量为 8 KB，如图 7-10 所示，其余参数取默认值。存储容量的选取需要权衡两个方面：一是二进制可执行软件代码的可能最大值；二是 FPGA资源的限制。

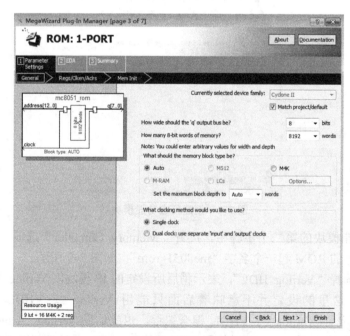

图 7-10　设置存储器的存储容量

在创建宏功能模块的第四个步骤中，取消 ROM 的输出寄存器选择，不用选时钟使能信号及异步清零信号，如图 7-11 所示。

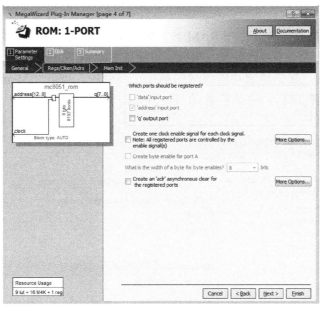

图 7-11　取消选择对端口的寄存输出

在创建宏功能模块的第五个步骤中，设置存储器初始化数据，初始化数据文件可以是.mif 或.Hex 文件。对于 ROM 模块，是一定要指定初始化数据的，要不然向导就不能完成。此处设置为 "D:\mc8051\software\ mc8051.hex"，如图 7-12 所示。mc8051.hex 由 Keil 软件编译生成，详细的软件代码参见"软件设计"部分。

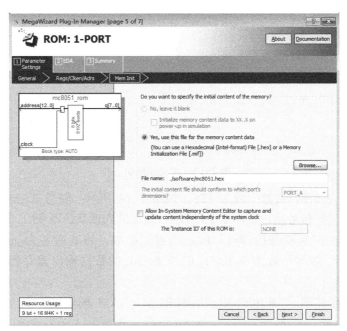

图 7-12　设置存储器存放的数据

其他步骤均选默认选项，最后单击"Finish"按钮完成 ROM 宏功能模块的创建，其中 mc8051_rom.v 为生成的 Verilog HDL 源文件。

2. 生成 RAM 模块

MC8051 中 RAM 模块包括内部 RAM 和扩展 RAM，其生成方法和 ROM 的生成方法差不多。这里只简单地说一下参数设置，详细的步骤可参考 ROM 模块的生成步骤。

对于内部 RAM，在创建宏功能模块的第二个步骤中，展开"Memory Compiler"选项，选中"RAM:1-PORT"，并为新建的 RAM 起一个名字"mc8051_ram"，如图 7-13 所示。

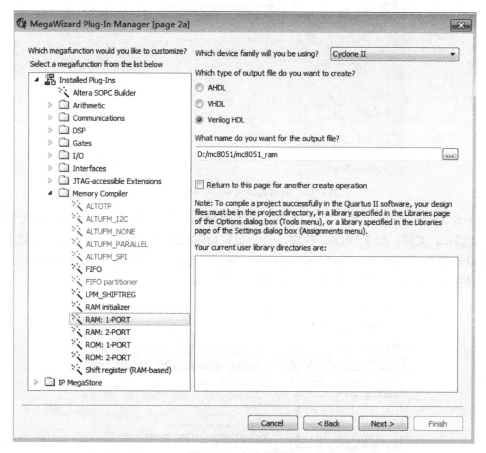

图 7-13　宏功能模块

设置数据宽度为 8 b，数据个数为 128，如图 7-14 所示；取消 RAM 的数据输出寄存器，同时选中时钟使能信号端，如图 7-15 所示；其他的选项默认不变。

对于扩展 RAM，需要在图 7-13 所示的对话框中，将其命名为 mc8051_ramx；设置数据宽度为 8 b，数据个数为 2 048；取消 RAM 的数据输出寄存器；其他的选项默认不变。

至此，我们已经定制了 MC8051 中使用的 ROM、RAM 模块。

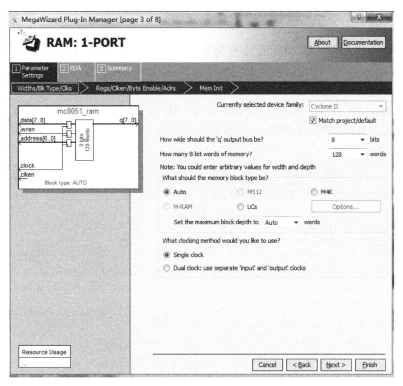

图 7-14　设置数据宽度和数据个数

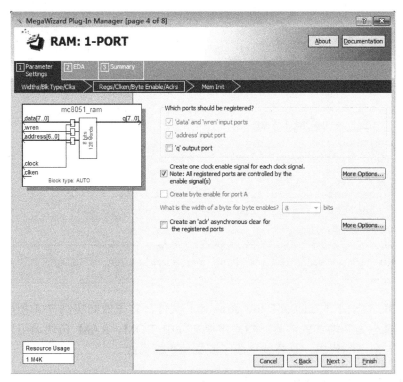

图 7-15　取消数据输出寄存器并选中时钟使能信号端

7.2.3 生成 MC8051 符号

由于 MC8051 IP Core 设计文件中的存储模块（ROM、RAM）是仿真时使用的，因此实际使用这些模块时，必须将 MC8051 IP Core 设计文件中的存储模块参数修改成与实际用到的 ROM、RAM 模块（也就是前一节生成的 ROM、RAM 模块）一致。

在 MC8051 IP Core 设计文件中，修改两个文件：mc8051_p.vhd 和 mc8051_top_struc.vhd，使得这两个文件中关于 ROM 和 RAM 模块的参数与上面创建的 ROM 和 RAM 模块一致。

打开 VHDL 目录下的 mc8051_p.vhd 文件，将原文件中 ROM、RAM 模块相关的代码修改成为符合本设计的代码，如实例 7-3 所示。

实例 7-3 mc8051_p.vhd 文件更新的源代码。

```
----------------------------------------------------------------
-- START: Component declarations for simulation models
----------------------------------------------------------------
component mc8051_ram
port ( clock : in std_logic;
       data : in std_logic_vector(7 downto 0);
       q : out std_logic_vector(7 downto 0);
       address : in std_logic_vector(6 downto 0);
       wren : in std_logic;
       clken : in std_logic);
end component;
component mc8051_ramx
port ( clock : in std_logic;
       data : in std_logic_vector(7 downto 0);
       q : out std_logic_vector(7 downto 0);
       address : in std_logic_vector(10 downto 0);
       wren : in std_logic);
end component;
component mc8051_rom
port ( clock : in std_logic;
       q : out std_logic_vector(7 downto 0);
       address : in std_logic_vector(12 downto 0));
end component;
----------------------------------------------------------------
-- END: Component declarations for simulation models
----------------------------------------------------------------
```

扫一扫看 mc8051_p.vhd 文件更新源代码

打开 VHDL 目录下的 mc8051_top_struc.vhd 文件，首先做如实例 7-4 所示的修改，其中斜体加粗的部分为新增加的内容。然后将原文件中 ROM、RAM 模块调用部分的代码修改成如实例 7-5 所示的代码。这样就完成了源文件更新修改。

实例 7-4 mc8051_top_struc.vhd 文件新增的代码。

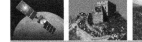

```
architecture struc of mc8051_top is
  signal s_rom_adr_used: std_logic_vector(12 downto 0);  -- *** new
  signal s_ramx_adr_used: std_logic_vector(10 downto 0); -- *** new
...

begin -- architecture structural
s_rom_adr_used <= std_logic_vector(s_rom_adr(12 downto 0)); -- *** new
  s_ramx_adr_used <= std_logic_vector(s_ramx_adr(10 downto 0)); -- ***
new

i_mc8051_core : mc8051_core
...
```

扫一扫看 mc8051_top_struc.vhd 文件新增代码

实例 7-5　mc8051_top_struc.vhd 文件中更新的源代码。

```
------------------------------------------------------------------------
-- Hook up the general purpose 128x8 synchronous on-chip RAM.
i_mc8051_ram : mc8051_ram
port map ( clock => clk,
        data => s_ram_data_in,
        q => s_ram_data_out,
        address => s_ram_adr,
        wren => s_ram_wr,
        clken => s_ram_en);
-- THIS RAM IS A MUST HAVE!!
------------------------------------------------------------------------

------------------------------------------------------------------------
-- Hook up the (up to) 64kx8 synchronous on-chip ROM.
i_mc8051_rom : mc8051_rom
port map ( clock => clk,
        q => s_rom_data,
        address => s_rom_adr_used);
-- THE ROM OF COURSE IS A MUST HAVE, ALTHOUGH THE SIZE CAN BE SMALLER!!
------------------------------------------------------------------------

------------------------------------------------------------------------
-- Hook up the (up to) 64kx8 synchronous RAM.
i_mc8051_ramx : mc8051_ramx
port map ( clock => clk,
        data => s_ramx_data_out,
        q => s_ramx_data_in,
        address => s_ramx_adr_used,
        wren => s_ramx_wr);
-- THIS RAM (IF USED) CAN BE ON OR OFF CHIP, THE SIZE IS ARBITRARY.
------------------------------------------------------------------------
```

扫一扫看 mc8051_top_struc.vhd 文件中更新源代码

　　mc8051_p.vhd 和 mc8051_top_struc.vhd 这两个文件修改完成后，打开 VHDL 目录下的 mc8051_top_.vhd 文件。然后，选择下拉菜单 "File→Creat/Update→Creat Symbol Files for Current File"，如图 7-16 所示，单击后即可创建 mc8051_top 的 Symbol，创建完成的符号如

图 7-17 所示。

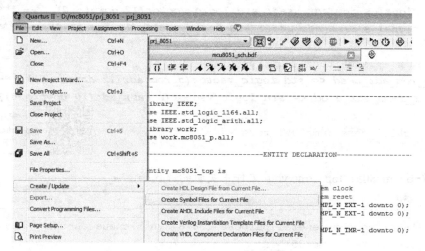

图 7-16　选择下拉菜单创建 mc8051 符号

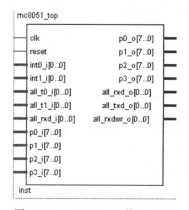

图 7-17　mc8051_top 的 Symbol

7.2.4　顶层原理图设计

1. 生成 PLL 数字锁相环模块

单片机需要时钟信号才能运行,怎样才能得到一个稳定而可靠的时钟源呢?开发板上有一个 50 MHz 的有源晶振,但对于 MC8051 IP Core 来说,这个频率太高,因此需要分频得到较低的频率。可以用 FPGA 自带的 PLL 调整时钟频率,PLL 输出的时钟频率、相位都可调而且精度很高,下面介绍如何在 Quartus II 中调用 PLL 模块。

在 Quartus II 工程界面,选择 "Tool→MegaWizard Plug-InManager…",在弹出的对话框中,选择新建宏功能单元。

在创建宏功能模块的第二个步骤中,展开 I/O 选项,选中 "ALTPLL",并为新建的 PLL 起一个名字 "pll_8051",设置的器件类型、宏单元输出文件名、存放路径及文件类型如图 7-18 所示。

因为电路板上的有源晶振频率为 50 MHz,在创建宏功能模块的第三个步骤中,将输入频率设为 50 MHz,如图 7-19 所示。

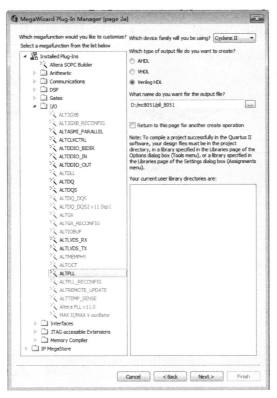

图 7-18 ALTPLL 设置

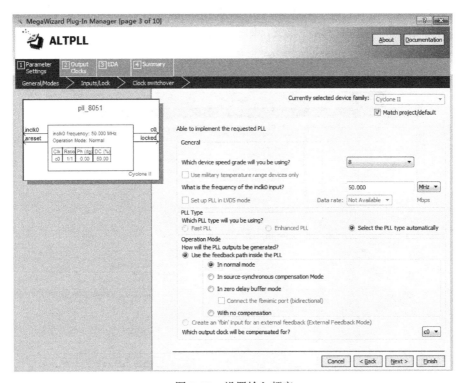

图 7-19 设置输入频率

FPGA 开发技术与应用实践

在创建宏功能模块的第四个步骤中，选择 PLL 的控制信号，如 PLL 使能控制"pllena"、异步复位"areset"、锁相输出"locked"等。这里不选任何控制信号，如图 7-20 所示。

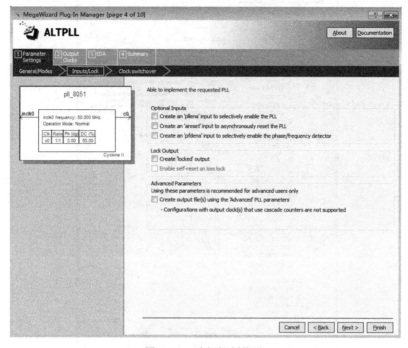

图 7-20　选择控制信号

在创建宏功能模块的第六个步骤中，设置输出频率 c0（c0 为片内输出频率）为 12 MHz，时钟相移和时钟占空比不改变，如图 7-21 所示。

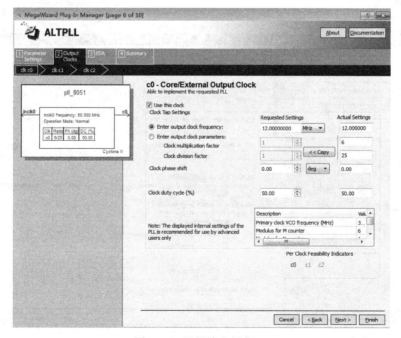

图 7-21　设置输出频率 c0

在创建宏功能模块的其他步骤中，均选择默认值，最后单击"Finish"按钮，完成定制锁相环模块。在完成定制 pll_8051 后，在 Quartus II 工程文件夹中将产生 pll_8051.bsf 文件和 pll_8051.v 的 Verilog HDL 源文件。

2. MC8051 应用顶层模块设计

在原理图空白区域双击，弹出"Symbol"对话框，展开左上角的 Project，可以看到生成的 mc8051_ram、mc8051_ramx、mc8051_rom、mc8051_top、pll_8051 这 5 个符号，如图 7-22 所示。

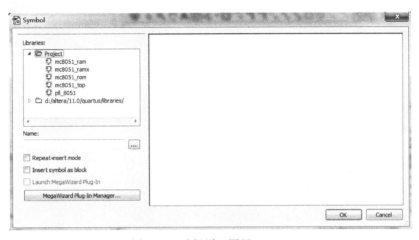

图 7-22　选择原理图用 Symbol

分别双击 mc8051_top 和 pll_8051，将这两个模块加入到原理图中，然后为每个引脚增加输入/输出模块并连线，形成的最终原理图如图 7-23 所示。

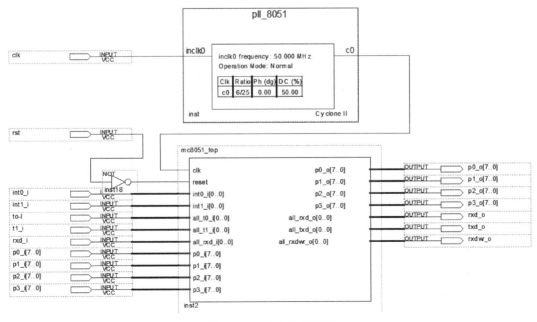

图 7-23　MC8051 原理图

3. FPGA 引脚的分配

本设计需要用到复位端、时钟端、P1 口输入端、P0 口输出端和 P2 口输出端，使用脚本文件分配引脚，引脚分配的 TCL 文件为 mc8051_pin.tcl，如实例 7-6 所示。

实例 7-6 mc8051_pin.tcl。

扫一扫看
mc8051_
pin.tcl

```
#时钟
set_location_assignment PIN_23 -to clk
#rst
set_location_assignment PIN_144 -to rst
#按键接 P1
set_location_assignment PIN_145 -to p1_i[2]
set_location_assignment PIN_146 -to p1_i[1]
set_location_assignment PIN_147 -to p1_i[0]
#数码管位选择口
#wei[0]为右边第一个，wei[7]为左边第一个
set_location_assignment PIN_106 -to p2_o[0]
set_location_assignment PIN_105 -to p2_o[1]
set_location_assignment PIN_104 -to p2_o[2]
set_location_assignment PIN_127 -to p2_o[3]
set_location_assignment PIN_128 -to p2_o[4]
set_location_assignment PIN_133 -to p2_o[5]
set_location_assignment PIN_134 -to p2_o[6]
set_location_assignment PIN_135 -to p2_o[7]
#数码管段码：高低顺序为 H~A
set_location_assignment PIN_110 -to p0_o[0]
set_location_assignment PIN_112 -to p0_o[1]
set_location_assignment PIN_113 -to p0_o[2]
set_location_assignment PIN_114 -to p0_o[3]
set_location_assignment PIN_115 -to p0_o[4]
set_location_assignment PIN_116 -to p0_o[5]
set_location_assignment PIN_117 -to p0_o[6]
set_location_assignment PIN_118 -to p0_o[7]
```

4. 编译和下载

选择"Processing→Start Compilation"进行全程编译，也可以选择工具栏上的按钮启动编译，对该工程文件进行编译处理。若在编译过程中发现错误，则找出并更正错误，直至编译成功为止。工程编译完成后，给出的编译报告如图 7-24 所示。

从编译报告中可以看出，FPGA 片内 RAM 资源使用了 50%，片内 LE 使用了 51%，锁相环使用了 50%。

成功编译硬件系统后，将产生 mcu8051_sch.sof 的 FPGA 配置文件，接下来就可以通过 JTAG 下载到 FPGA 开发板中运行了。

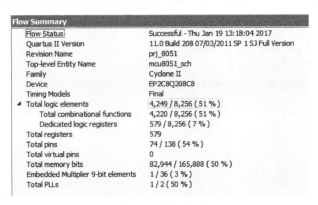

图 7-24　编译报告

7.3　MC8051 软核的软件代码及下载

使用 MC8051 IP Core 的工程已经建立起来了，接下来需要设计运行于 MC8051 核的软件程序。软件程序是指普通的 C51 程序，可以用 Keil C 或其他工具来编译，并生成.HEX 文件。使用 Keil 软件生成.HEX 文件的步骤在此不做介绍，感兴趣的读者可查阅 Keil 相关书籍来完成本节的软件设计任务。

7.3.1　MC8051 软件代码

实现"具有校时功能的数字钟"功能的代码参见实例 7-7～实例 7-10。请读者结合注释来理解代码的功能。

实例 7-7　主函数。

```c
#include "reg51.h"
#include "hardware.h"

int main(void)
{
    uchar key;
    InitTimer0();                   //定时器 0 初始化
    while(1)
    {
        key = Key_Scan();           //按键扫描
        if(key==2) Adj_Clock();     //按键 2 按下进入校时模式
        display(min*100+sec,5);     //显示时钟 min*100+sec 对时钟数据进行合并
    }
}
```

扫一扫看主函数代码

实例 7-8　hardware.h。

```c
#ifndef _HARDWARE_H_
```

扫一扫看
hardware.h
代码

```
#define _HARDWARE_H_
#include "reg51.h"
#define uchar unsigned char
#define uint  unsigned int
extern  uchar msec,sec,min;

/*引脚定义*/
sbit KEY1 = P1^0;
sbit KEY2 = P1^2;
#define SM_DUAN P0
#define SM_WEI  P2

/*函数声明*/
void delay_ms(uint timer);
uchar Key_Scan(void);
void display(long dat,uchar blkwe);
void InitTimer0(void);
void Adj_time(uchar blkwe);
void Adj_Clock(void);

#endif
```

实例 7-9 hardware.c。

```
#include "hardware.h"
/*********************************************************/
/*
    函数功能：延时函数（x）ms
*/
void delay_ms(uint timer)
{
    uchar i;
    while(timer--)
        for(i=0;i<125;i++);
}
/*********************************************************/
/*
    函数功能：按键扫描
    返回值：表示哪个按键被按下
*/
uchar Key_Scan(void)
{
    static bit flag = 1;
    if((KEY1==0||KEY2==0)&&flag)
    {
        flag = 0;
        delay_ms(10);
```

扫一扫看
hardware.c
代码

```c
        if(KEY1==0) return 1;
        if(KEY2==0) return 2;
    }else if(KEY1&&KEY2) flag = 1;
    return 0;
}
/**********************************************************/
/*

    函数功能：数码管显示
    参数：dat ：显示的数据
          blkwe：闪烁的数码位，大于等于 5 不闪烁
*/
const uchar code duan[10] = {0xc0,0xf9,0xa4,0xb0,0x99,0x92,0x82,0xf8,
0x80,0x90};
void display(long dat,uchar blkwe)
{
    uchar num,i;
    static uchar j=0;                   //闪烁计数
    static bit flag=1;                  //闪烁标志
    for(i=0;i<4;i++){
        num = dat % 10;
        if(i==(blkwe-1)){               //判断哪一位要闪烁
            j++;                        //闪烁计数
            if(j>=20) {flag = !flag;j=0;}       //闪烁标志取反 清除闪烁计数
            if(flag)    SM_DUAN = duan[num];    //根据闪烁标志来判断数码位
                                                //是否亮灭
            else            SM_DUAN = 0xff;     //标志为 0 时灭，为 1 时亮
        }
        else            SM_DUAN = duan[num];    //其他正常显示

        SM_WEI = ~(0x01<<i);
        dat /= 10;
        delay_ms(10);
    }
    SM_WEI = 0xff;                                       //关闭数码管
}
/**********************************************************/
```

实例 7-10　hardware.c。

扫一扫看
hardware.c
代码

```c
#include "hardware.h"
uchar msec=0,sec=0,min=0;
/**********************************************************/
/*

    定时器 0 初始化
*/
void InitTimer0(void)
{
```

```
    TMOD = 0x01;        //选择定时器 0
    TH0 = 0x0D8;        //填定时数据，定时 10 ms
    TL0 = 0x0F0;
    EA = 1;             //开启全局中断
    ET0 = 1;            //使能定时器 0
    TR0 = 1;            //使能定时器 0 中断
}


/*
    定时器 0 中断服务函数
*/
void Timer0Interrupt(void) interrupt 1          //10 ms 中断
{
    TH0 = 0x0D8;        //重新填充定时值
    TL0 = 0x0F0;
        msec ++;
//百毫秒
        if(msec > 99) { msec = 0; sec  ++;}     //秒
        if(sec > 59) { sec  = 0; min  ++;}      //分
        if(min > 59)    min  = 0;               //分清 0
}


/********************************************************/
/*
    函数功能：调分钟
*/
void Adj_time(uchar blkwe)
{
    uchar key,tmp;
    if(blkwe == 3) tmp = min % 10;      //取分钟个位
    if(blkwe == 4) tmp = min / 10;      //取分钟十位
    do{
        key = Key_Scan();                   //按键扫描
        if(key==1){
            tmp ++;                         //按一下键加 1
            tmp %= 10;                      //限制 tmp 范围为 0～9
            if(blkwe==3)                    //调分钟个位数据处理
                min = min / 10 * 10 + tmp;
            if(blkwe==4){                   //调分钟十位数据处理
                if(tmp > 5) tmp = 0;        //限制 tmp 范围为 0～5
                min = tmp * 10 + min % 10;
            }
        }
        display(min*100+sec,blkwe);     //显示数据
    }while(key!=2);
}
```

```
/*
    函数功能: 校时
*/
void Adj_Clock(void)
{
    Adj_time(4);                          //调分钟十位
    Adj_time(3);                          //调分钟个位
}


/***********************************************************/
```

7.3.2　MC8051 软件的下载方法

上一节,已经实现了全部 C51 代码,接下来就要编译这些代码并下载到单片机中运行。具体步骤如下:

(1) 在 Keil 软件中,新建一个工程,并将实例 7-7～实例 7-10 的程序代码加入工程中,然后进行编译并生成*.hex 文件。

(2) 接下来,将生成的*.hex 文件重命名为 mc8051.hex,并用该文件替换 Quartus II 工程中原 ROM 的 mc8051.hex 文件。这一步相当于使用下载器将*.hex 文件下载到单片机。

(3) 然后再按上一节的步骤,对 Quartus II 工程重新编译生成*.sof 文件,并下载*.sof 文件到 FPGA 开发板中。

下载*.sof 文件后,可以看到开发板上的两个数码管在显示正常的计时信息,接下来可以通过按动 KEY1 和 KEY2 的操作,观察校时和正常计时状态的变化。

知识小结

在本章,详细介绍了 MC8051 IP Core 的应用,重点讨论了以下知识点:
- ✓ 简单描述了 MC8051 IP Core 的基本结构及一些应用说明。
- ✓ 详细介绍了 MC8051 IP Core 综合,包括 Quartus II 软件的使用,ROM、RAM 模块的生成,MC8051 IP Core 的生成,Quartus II 顶层原理图设计,以及系统调试。

习题 7

扫一扫看
本章习题

1. 基于 MC8051 设计几种跑马灯的运行模式,并通过按键进行模式选择。
2. 基于 MC8051 控制 4 个数码管滚动显示 "123456789"。
3. 基于 MC8051 控制液晶滚动显示 26 个字母。
4. 使用 MC8051 处理器的定时器中断,控制 LED 以 1 Hz 频率闪烁。
5. 基于 MC8051 设计串口通信程序。

第8章

基于 Nios II 处理器核的 应用设计

本节首先详细介绍一个简单的 Nios II 系统工程，包括新建、编译、运行等步骤，然后在此基础上，介绍基于 Nios II 处理器的两个项目的设计：基于 Nios II 处理器的 PIO 核的应用，在 Nios II 上运行 C/OS-II 操作系统。

本章的主要教学目标：学习和掌握 Nios II 处理器的应用开发步骤，以及在 NIOS 处理器上应用 C/OS-II 操作系统的方法，进一步加深读者对 SOPC 应用技术的理解。

任务 22 基于 Nios II 处理器的键控流水灯设计

【任务描述】 本任务将通过按键控制实现不同的流水灯效果。具体要求如下：

由两个按键来切换两种模式。按下按键 1 则实现模式 1，按下按键 2 则实现模式 2。

模式 1：4 个 LED 灯按照 1、2、3、4 的顺序依次循环点亮，一次仅亮一个灯，间隔 0.1 s。

模式 2：4 个 LED 灯按照 4、3、2、1 的顺序依次循环点亮，一次仅亮一个灯，间隔 0.1 s。

【知识点】 本任务需要学习以下知识点：

（1）Nios II 软核的结构；

（2）Nios II 系统开发流程，包括硬件开发流程和软件开发流程；

（3）Nios II 软核的 PIO 核的结构和功能；

（4）通过 SOPC Builder 系统集成软件，搭建基于 Nios II 软核的 PIO 核的应用硬件环境的方法；

（5）在 SOPC Builder 中，通过 Nios II 软核使用 SDRAM 的方法；

（6）通过 Nios II EDS 集成开发环境，开发设计基于 Nios II 软核的 PIO 核的应用软件的方法和技巧。

8.1 基于 Nios II 系统的设计流程

20 世纪 90 年代末，可编程逻辑器件（PLD）的复杂度已经能够在单个可编程器件内实现整个系统，即在一个芯片中实现用户定义的系统，它通常包括片内存储器和外设的微处理器。2000 年，Altera 发布了 Nios 处理器，这是 Altera 嵌入式处理器计划中的第一个产品，是第一款用于可编程逻辑器件的可配置的软核处理器。在 Nios 之后，Altera 公司于 2003 年 3 月又推出了 Nios 的升级版 Nios 3.0 版，它能在高性能的 Stratix 或低成本的 Cyclone 芯片上实现。

第一代的 Nios 已经体现出了嵌入式软核的强大优势，但是还不够完善。它没有提供软件开发的集成环境，用户需要在 Nios SDK Shell 中以命令行的形式执行软件的编译、运行、调试，程序的编辑、编译、调试都是分离的，而且还不支持对项目的编译。这对用户来说不够方便，还需要功能更为强大的软核处理器和开发环境。

2004 年 6 月，Altera 公司在继全球范围内推出 Cyclone II 和 Stratix II 器件系列后又推出了支持这些新款 FPGA 系列的 Nios II 嵌入式处理器。Nios II 嵌入式处理器在 Cyclone II FPGA 中，允许设计者在很短的时间内构建一个完整的可编程芯片系统。它与 2000 年上市的原产品 Nios 相比，最大处理性能提高 3 倍，CPU 内核部分的面积可缩小一半。

使用 Altera Nios II 处理器和 FPGA，用户可以实现在处理器、外设、存储器和 I/O 接口方面的合理组合。Nios II 系统的性能可以根据应用来裁减，与固定的处理器相比，在较低的时钟速率下具备更高的性能。嵌入式系统设计人员总是坚持不懈地寻找降低系统成本的方法。然而，选择一款处理器，在性能和特性上总是与成本存在着冲突，最终结果总是以增加系统成本为代价。利用 Nios II 处理器还可以降低研发成本，加快产品上市时间。

Nios II 系列嵌入式处理器使用 32 位的指令集结构（ISA），它是建立在第一代 16 位 Nios 处理器基础上的，定位于广泛的嵌入式应用。Nios II 处理器系列包括 3 种内核——快速的（Nios II/f）、经济的（Nios II/e）和标准的（Nios II/s）内核，每种都针对不同的性能范围和成本。使用 Altera 的 Quartus II 软件、SOPC Builder 工具及 Nios II 集成开发环境（IDE），用户可以轻松地将 Nios II 处理器嵌入到他们的系统中。

表 8-1～表 8-3 分别列出了 Nios II 嵌入式处理器的特性、NiosII 系列处理器成员、NiosII 嵌入式处理器支持的 FPGA。

表 8-1　NiosII 嵌入式处理器的特性

种　类	特　性
CPU 结构	32 位指令集
	32 位数据线宽度
	32 个通用寄存器
	32 个外部中断源
	2 GB 寻址空间
片内调试	基于边界扫描测试（JTAG）的调试逻辑、支持硬件断点、数据触发，以及片外和片内的调试跟踪

续表

种 类	特 性
定制指令	最多达 256 个用户定义的 CPU 指令
软件开发工具	Nios II 的集成化开发环境（IDE）
	基于 GNU 的编译器
	硬件辅助的调试模块

表 8-2　NiosII 系列处理器成员

内 核	说 明
Nios II/f（快速）	最高性能的优化
Nios II/e（经济）	最小逻辑占用的优化
Nios II/s（标准）	平衡性能和尺寸。Nios II/s 内核不仅比最快的第一代的 Nios CPU 更快，而且比最小的第一代的 Nios CPU 还要小

表 8-3　Nios II 嵌入式处理器支持的 FPGA

器 件	说 明	设计软件
Stratix II	最高的性能、最高的密度、特性丰富，并带有大量存储器的平台	
Stratix	高性能、高密度、特性丰富并带有大量存储器的平台	
Stratix GX	高性能的结构，内置高速串行收发器	Quartus II
Cyclone	低成本的 ASIC 替代方案，适合价格敏感的应用	
HardCopy Stratix	业界第一个结构化的 ASIC，是广泛使用的传统 ASIC 的替代方案	

　　Nios II 使用 Nios II EDS 集成开发环境来完成整个软件工程的编辑、编译、调试和下载，大大提高了软件开发效率。图 8-1 所示为 Nios II 系统开发流程，具体包括软件开发流程和硬件开发流程。

　　硬件开发流程包括：

　　（1）用 SOPC Builder 系统综合软件来选取合适的 CPU、存储器及外围器件（如片内存储器、PIO、UART 和片外存储器接口），并定制它们的功能。

　　（2）使用 Quartus II 软件来选取具体的 Altera 可编程器件系列，并对 SOPC Builder 生成的 HDL 设计文件进行布局布线；再使用 Quartus II 软件选取目标器件并对 Nios II 系统上的各种 I/O 口分配引脚；另外，还要根据要求进行硬件编译选项或时序约束的设置。在编译的过程中，Quartus II 从 HDL 源文件综合生成一个适合目标器件的网表。最后，生成配置文件。

　　（3）使用 Quartus II 编程器和 Altera 下载电缆，将配置文件（用户定制的 Nios II 处理器系统的硬件设计）下载到开发板上。下载完硬件配置文件后，软件开发者就可以把此开发板作为软件开发的初期硬件平台进行软件功能的开发验证了。

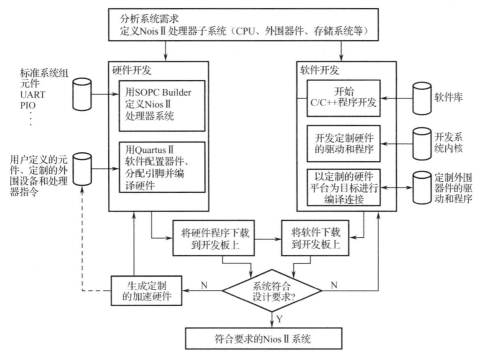

图 8-1　Nios II 系统软、硬件开发流程

软件设计流程包括：

（1）在用 SOPC Builder 系统集成软件进行硬件设计的同时，就可以开始编写独立于器件的 C/C++软件，比如算法或控制程序。用户可以使用现成的软件库和开放的操作系统内核来加快开发进程。

（2）在 Nios II EDS 中建立新的软件工程时，IDE 会根据 SOPC Builder 对系统的硬件配置自动生成一个定制 HAL（硬件抽象层）系统库。这个库能为程序和底层硬件的通信提供接口驱动程序。

（3）使用 Nios II EDS 对软件工程进行编译、调试。

（4）将硬件设计下载到开发板上后，就可以将软件下载到开发板上并在硬件上运行。

开发 Nios II 嵌入式处理器系统所需的软、硬件开发工具包括：Windows 操作系统、SOPC Builder 软件、Quartus II 软件、Nios II EDS 集成开发环境及 FPGA 开发板。

下面以一个简单的 Nios II 系统工程为例，详细介绍 Nios II 系统的软件开发流程、硬件开发流程，以及开发工具的应用。

8.1.1　Nios II 硬件开发流程

Nios II 硬件环境的搭建包括 3 个步骤：新建 Quartus II 工程；生成并配置 Nios II 处理器；在 Quartus II 中建立应用 Nios II 处理器的工程。下面详细阐述这 3 个步骤。

（1）第一步：新建 Quartus II 工程。

选择"开始→程序→Altera→Quartus II"，打开 Quartus II 软件。选择"File→New Project Wizard..."菜单选项，打开新建工程对话框，设置工程目录、工程名及工程文件名

称，如图 8-2 所示。

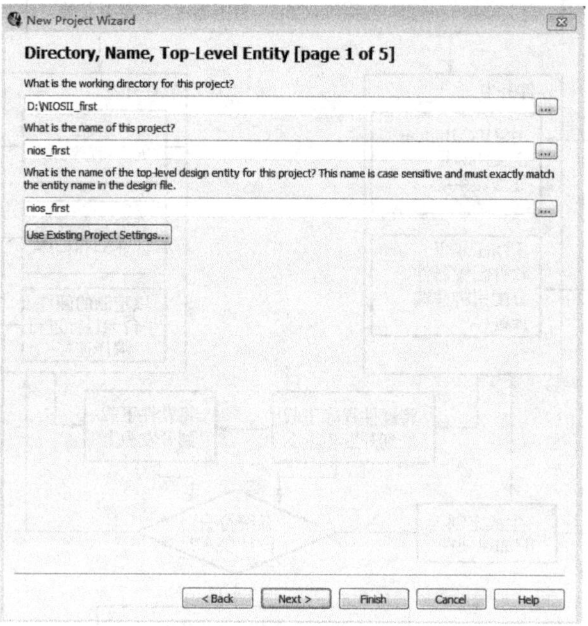

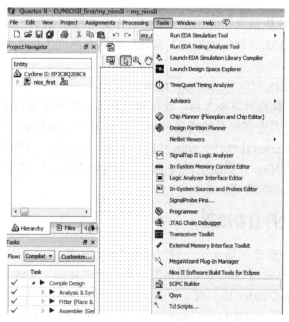

图 8-2　新建工程

在新建工程的第三个步骤中，选择开发板使用的 FPGA 器件：EP2C8Q208C8。

在新建工程的其他步骤中，均取默认值，最后单击"Finish"按钮完成新工程的创建。

（2）第二步：生成并配置 Nios II 处理器。

在新建的 Quartus II 工程中，选择"Tools→SOPC Builder"，如图 8-3 所示。

图 8-3　选择"SOPC Builder"菜单项

弹出创建新的 Nios II 系统对话框，如图 8-4 所示。

图 8-4　新建一个 Nios II 系统

图 8-4 中，给新建的 Nios II 系统起一个名字"nios_processor"，单击"OK"按钮，进入图 8-5。

图 8-5　系统时钟设置

图 8-5 中，可对 Nios II 系统进行时钟信号的设置，包括时钟名称和时钟频率。此处设定 Nios II 系统使用的时钟为 50 MHz，名称为 clk。注意：设置该时钟时，要考虑开发板的时钟源能否通过分频或倍频方法得到该时钟。

下面为系统添加一个 Nios II 处理器。单击图 8-5 中的 Nios II Processor选项，再单击 Add... 按钮，或者直接双击图 8-5 中的 Nios II Processor选项，进入图 8-6。

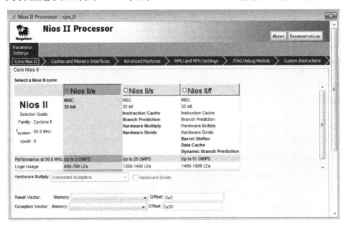

图 8-6　NiosII 处理器设置

在图 8-6 中选择"Nios II/e",处理器的其他设计均选默认值,单击"Finish"按钮,进入图 8-7。

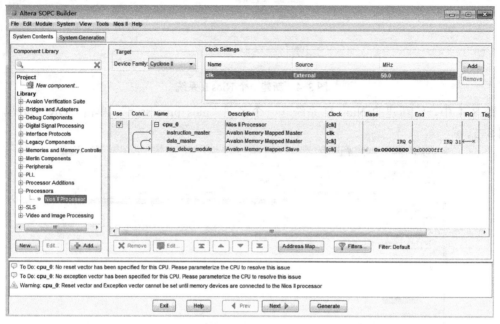

图 8-7　添加处理器后的 SOPC builder 界面

下面为系统添加一个片上存储器。单击图 8-8 中的"On-Chip Memory(RAM or ROM)"选项,再单击 Add... 按钮,或者直接双击图 8-8 中的"On-Chip Memory(RAM or ROM)"选项,进入图 8-9。

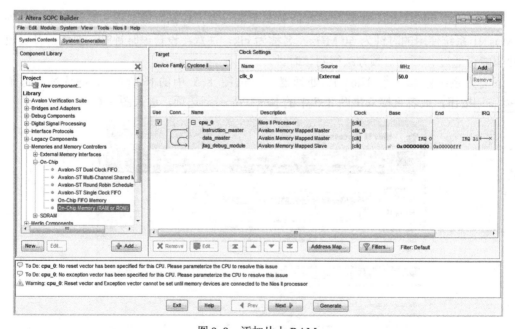

图 8-8　添加片上 RAM

图 8-9　片上 RAM 设置

在图 8-9 中，设置片上 RAM 的大小为 8 192 B，其他均选默认值，单击"Finish"按钮完成设置。

下面为系统添加 JTAG UART 外设。单击图 8-10 中的"JTAG UART"选项，再单击 Add... 按钮，或者直接双击图 8-10 中的"JTAG UART"选项，进入 JTAG UART 设置界面，如图 8-11 所示。

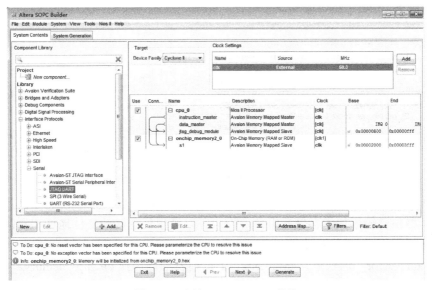

图 8-10　添加 JTAG UART 外设

图 8-11 中均取默认值，然后单击"Finish"按钮完成 JTAG UART 的设置。

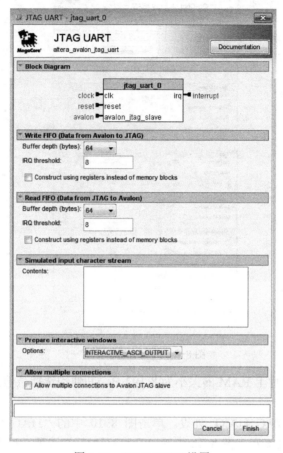

图 8-11　JTAG UART 设置

至此，Nios II 处理器已添加 3 个组件：CPU、片上 RAM、JTAG UART，如图 8-12
所示。

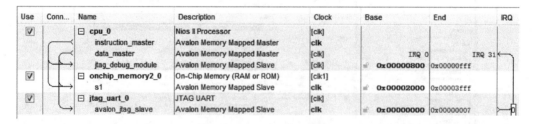

图 8-12　Nios II 处理器结构

双击图 8-12 中的 cpu，打开如图 8-13 所示界面，继续对处理器进行设置。由于在
Nois II 处理器中已经添加了存储器组件，因此可以设置处理器的复位地址和异常地址。具
体设置如图 8-13 所示，由于仅有一个存储器 onchip_memory2_0，所以在"Reset Vector"
和"Exception Vector"选项中，"Memory"下拉列表框均选择 onchip_memory2_0，其他选
项保持默认值。

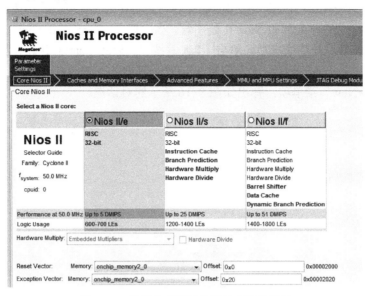

图 8-13　设置处理器复位地址和异常地址

在配置处理器过程中，需要添加各种组件，这些组件有可能产生地址重合和中断号的冲突。因此，在全部设置完成后，还需要对组件的基地址和中断号进行重新分配。如图 8-14 所示，选择"System→Auto-Assign Base Addresses"菜单项，对基地址进行重新分配，选择"System→Auto-Assign IRQs"菜单项，对中断号进行重新分配。

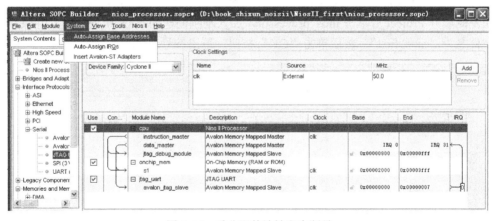

图 8-14　重分配基地址和中断号

重新分配组件的基地址和中断号后，得到的 Nios II 处理器如图 8-15 所示。

Use	Conn...	Name	Description	Clock	Base	End	IRQ
☑		⊟ cpu_0	Nios II Processor	[clk]			
		instruction_master	Avalon Memory Mapped Master	clk			
		data_master	Avalon Memory Mapped Master	[clk]	IRQ 0	IRQ 31	
		jtag_debug_module	Avalon Memory Mapped Slave	[clk]	0x00004800	0x00004fff	
☑		⊟ onchip_memory2_0	On-Chip Memory (RAM or ROM)	[clk1]			
		s1	Avalon Memory Mapped Slave	clk	0x00002000	0x00003fff	
☑		⊟ jtag_uart_0	JTAG UART	[clk]			
		avalon_jtag_slave	Avalon Memory Mapped Slave	clk	0x00005000	0x00005007	

图 8-15　Nios II 处理器结构（已重新分配基地址和中断号）

最后，单击 Generate 按钮，在弹出的保存对话框中单击 Save 按钮，取文件名为 my_nios，则开始生成刚刚配置的 Nios II 处理器。当出现"system generation was successful"提示时，说明 Nios II 系统生成成功，单击 Exit 按钮，返回 Quartus II 软件界面。

（3）第三步：在 Quartus II 中建立应用 Nios II 处理器的工程。

选择"File→New"菜单项，弹出如图 8-16 所示的对话框。

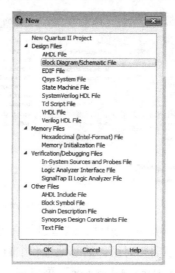

图 8-16　建立原理图文件

单击 OK 按钮，出现原理图设计界面。双击空白处打开添加符号对话框，如图 8-17 所示。在左侧展开 Project 后单击 nios_processor，加入刚刚创建的 Nios II 处理器，并保存该原理图文件名为"nios_first"，然后单击"OK"按钮，退出符号对话框。

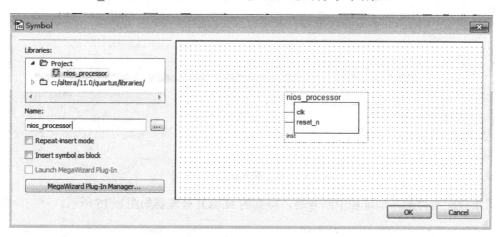

图 8-17　添加 nios_processor

Nios II 处理器对时钟要求高，需要添加一个 FPGA 内置的 PLL 来对外部输入的 50MHz 时钟进行处理。在原理图中，添加 PLL 宏功能模块，并取名为 nios_pll。

在创建宏功能模块的第三个步骤中，根据开发板的时钟源频率，将输入 inclk0 的频率设置为 50 MHz，如图 8-18 所示。

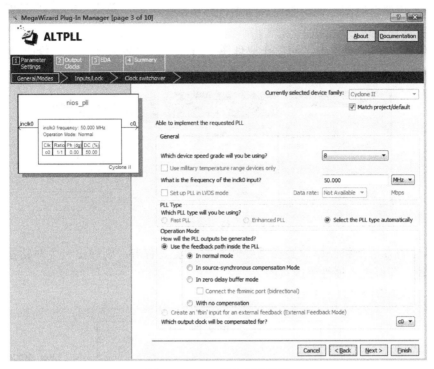

图 8-18　PLL 输入频率设置

在创建宏功能模块的第四个步骤中，由于该锁相环仅用到开发板的时钟作为输入，因此可去掉"Optional Inputs"中的所有选项，如图 8-19 所示。

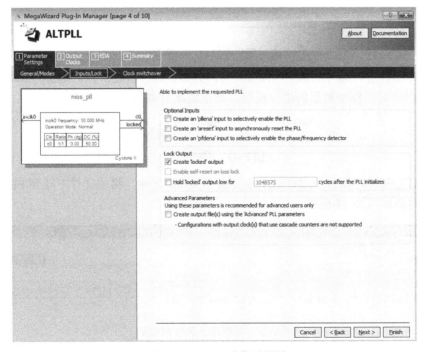

图 8-19　PLL 可选信号设置

在创建宏功能模块的其他步骤中，均保持默认值。最后，单击"Finish"按钮完成新建的 PLL。

将 PLL 加入到原理图中，随后在原理图中再加入一个输入端口，并修改 pin_name、nios_pll、nios_processor 三个元件的属性，属性修改如图 8-20 所示。

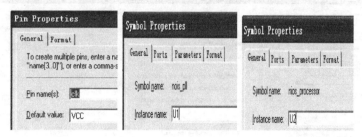

图 8-20　修改元件属性

修改属性的方法是将鼠标放置在需要修改的元素上右击，则弹出一个对话框，然后单击 **Properties**，即可进入属性修改页面。

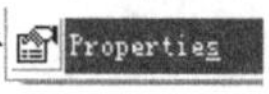

修改后的原理图如图 8-21 所示。

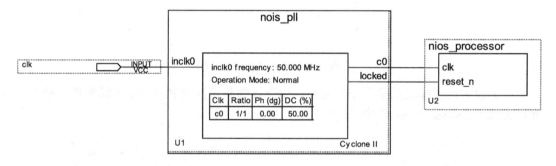

图 8-21　修改元件属性后的原理图

单击 ▶ 对工程进行编译。编译无误后，再为输入 clk 锁定引脚。选择"Assignments→Pins"，在弹出的对话框中对引脚进行设置，设置完成后如图 8-22 所示。

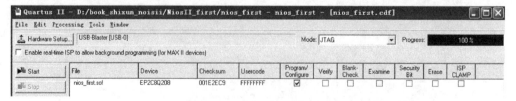

Node Name	Direction	Location
clk	Input	PIN_23

图 8-22　引脚锁定

单击 ▶ 对工程进行编译，编译后生成 nios_first.sof 文件，将该文件下载到 FPGA 中，下载成功后的界面如图 8-23 所示。

图 8-23　将程序下载到 FPGA

至此，整个 Nios II 硬件环境搭建完成，下面介绍 Nios II 软件设计。

8.1.2　Nios II 软件开发流程

为了使工程便于管理，本节把 Nios II 的软件部分也存放在 FPGA 的工程目录中。打开 Nios II 软件，选择"Tools→ Nios II Software Build Tools for Eclipse"，在弹出的对话框中选择 nios_first 所在目录，如图 8-24 所示，其中 software 是为专门存放软件而新建的空目录。

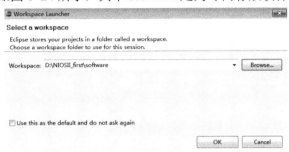

图 8-24　设置 Nios II 软件存放目录

在打开的 Nios II 环境下，选择"File→New→Nios II Application and BSP from Template"菜单项，如图 8-25 所示。

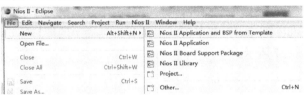

图 8-25　新建 Nios II 工程

单击该菜单项后，进入图 8-26。

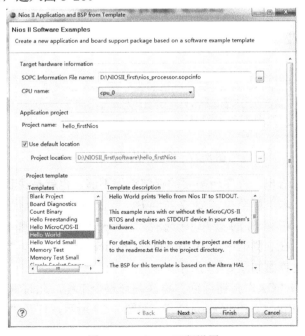

图 8-26　Nios II 工程设置

图 8-26 中，选择工程模板为 **Hello World**；选择目标硬件为刚刚创建的 Nios II 处理器，可在"SOPC Information File name"下拉列表框中选择 nios_processor. sopcinfo，如果下拉列表框中没有，则需要通过单击"Browse"按钮进行浏览；为此工程命名，填入 hello_firstNios。

单击 **Finish** 按钮，完成 Nios II 工程的创建。在此工程中，已经完成了一个简单的程序设计，如实例 8-1 所示。

实例 8-1 hello_world.c 文件。

```c
#include <stdio.h>
int main()
{
  printf("Hello from Nios II!\n");
  return 0;
}
```

扫一扫看 hello_world.c 文件代码

实例 8-1 这段程序的功能是向 jtag_uart 调试口输出"Hello from Nios II!"。实际应用中，设计需求可能有所不同，此时需要根据设计需求，进一步修改 hello_world.c 文件，以完成相应的功能。对于本例，我们不做任何修改，直接编译、运行，观察程序的运行结果。

选择"Project→Build Project"菜单项或者选择工具栏上的图标 ▣ 编译整个工程。编译后不久，报错，如图 8-27 所示。

```
 Problems  Tasks  Console    Properties                           ⇩ ⇧      
C-Build [hello_firstNios]
-mno-hw-mul -mno-hw-mulx  -o hello_firstNios.elf obj/hello_world.o -lm
d:/altera/11.0/nios2eds/bin/gnu/h-i686-mingw32/bin/../lib/gcc/nios2-elf/4.1.2/../../../../nios2-elf/bin/ld.exe:
hello_firstNios.elf section '.text' will not fit in region `onchip_memory2_0'
d:/altera/11.0/nios2eds/bin/gnu/h-i686-mingw32/bin/../lib/gcc/nios2-elf/4.1.2/../../../../nios2-elf/bin/ld.exe:
address 0x8f60 of hello_firstNios.elf section '.rwdata' is not within region `onchip_memory2_0'
d:/altera/11.0/nios2eds/bin/gnu/h-i686-mingw32/bin/../lib/gcc/nios2-elf/4.1.2/../../../../nios2-elf/bin/ld.exe:
address 0xac88 of hello_firstNios.elf section '.bss' is not within region `onchip_memory2_0'
d:/altera/11.0/nios2eds/bin/gnu/h-i686-mingw32/bin/../lib/gcc/nios2-elf/4.1.2/../../../../nios2-elf/bin/ld.exe:
address 0xac88 of hello_firstNios.elf section '.onchip_memory2_0' is not within region `onchip_memory2_0'
d:/altera/11.0/nios2eds/bin/gnu/h-i686-mingw32/bin/../lib/gcc/nios2-elf/4.1.2/../../../../nios2-elf/bin/ld.exe:
address 0x8f60 of hello_firstNios.elf section '.rwdata' is not within region `onchip_memory2_0'
d:/altera/11.0/nios2eds/bin/gnu/h-i686-mingw32/bin/../lib/gcc/nios2-elf/4.1.2/../../../../nios2-elf/bin/ld.exe:
address 0xac88 of hello_firstNios.elf section '.bss' is not within region `onchip_memory2_0'
d:/altera/11.0/nios2eds/bin/gnu/h-i686-mingw32/bin/../lib/gcc/nios2-elf/4.1.2/../../../../nios2-elf/bin/ld.exe:
address 0xac88 of hello_firstNios.elf section '.onchip_memory2_0' is not within region `onchip_memory2_0'
region `onchip_memory2_0' overflowed by 27784 bytes
collect2: ld returned 1 exit status
make: *** [hello_firstNios.elf] Error 1
```

图 8-27　编译后的报错信息

从图 8-27 中可以看出，程序所需要的存储空间不够，也就是说我们选用的片上 RAM（8 192 B）容量不够，本工程至少需要 2 7784 B。下面对程序进行优化，右击工程导航的 **hello_firstNios_bsp**，在弹出的菜单中选择"Properties"，在弹出的对话框中选择 **Nios II BSP Properties**，在右侧框中选中"Reduced device drivers"和"Small C library"，以减少工程的代码，设置界面如图 8-28 所示。

设置完成后，单击"OK"按钮返回。再次编译整个工程，此时编译没有问题，编译成功。然后选择"Run→Run Configurations…"，如图 8-29 所示，打开"Run Configurations"对话框，如图 8-30 所示。

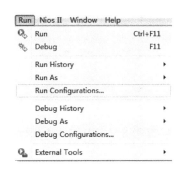

图 8-28　工程优化界面　　　　　　　　图 8-29　新建硬件运行实例

在图 8-30 中双击"Nios II Hardware",新建一个硬件运行实例。此时,在右边"Project"选项卡里,选择"Project name"为刚刚创建的工程名"hello_firstNios",则硬件运行实例会自动找到 Project ELF file name。同时,硬件运行实例会自动找到硬件开发板上的 CPU 和 JTAG 连接,如图 8-31 所示,前提条件是 FPGA 开发板已上电,并且下载线连接正常。

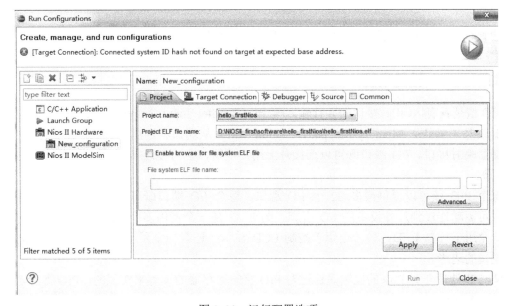

图 8-30　运行配置选项

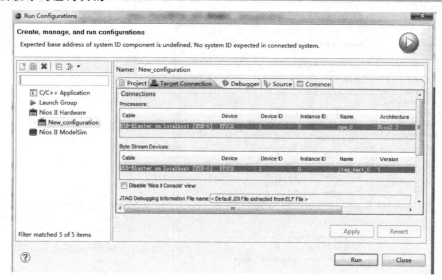

图 8-31　Nios II 目标开发板连接界面

单击图 8-30 中的"Apply"按钮，再单击"Run"按钮，运行 Nios II 系统硬件运行实例。

Nios II 系统运行结果是向 JTAT UART 调试口输出一行信息："Hello from Nios II!"，运行后的效果如图 8-32 所示。运行结果与实例 8-1 完全一致。

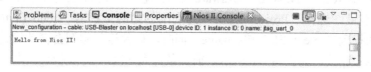

图 8-32　Nios II 系统运行结果

8.2　基于 Nios II 处理器的 PIO 核的应用

8.2.1　PIO 核的功能

PIO 核是具有 Avalon 接口的并行输入/输出（Parallel Input/Output，PIO）核，在 Avalon 存储器映射（Avalon Memory-Mapped，Avalon-MM）从端口和通用 I/O 端口之间提供了一个存储器映射接口。I/O 端口既可以连接片上用户逻辑，也可以连接到 FPGA 与外设连接的 I/O 引脚。

每个 PIO 核可以提供最多 32 个 I/O 端口，每个 I/O 端口既可与 FPGA 内部逻辑相连接，也可驱动连接到片外设备的 I/O 引脚。图 8-33 是一个使用多个 PIO 核的系统实例，其中，一个用于控制 LED；另一个用于控制 LCD 显示；还有一个用于捕获来自片上复位请求控制逻辑的边缘。

Nios II 处理器对 PIO 的控制是通过对 PIO 核的寄存器的读写来实现的，PIO 寄存器有 6 个，如表 8-4 所示，下面分别予以说明。

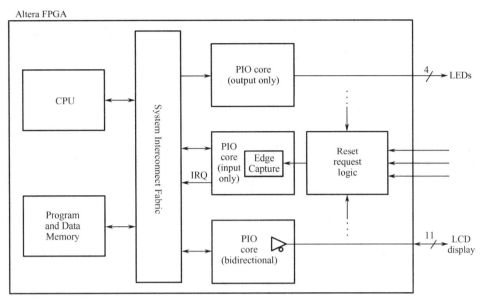

图 8-33　使用多个 PIO 核的系统实例

表 8-4　PIO 核的寄存器映射

偏　移	寄存器名称		R/W	(*n*−1)	…	2	1	0
0	data	读访问	R	读取 PIO 核输入端口上的数据				
		写访问	W	将数据写到 PIO 核输出端口				
1	direction[1]		R/W	每个 I/O 端口独立的方向控制：0—输入；1—输出				
2	interruptmask [1]		R/W	每个输入端口 IRQ 使能/禁用。1—使能中断				
3	edgecapture [1], [2]		R/W	每个输入端口的边沿检测				
4	outset		W	指定输出端口的某位置 1				
5	outclear		W	指定输出端口的某位清 0				

注：（1）该寄存器是否存在取决于硬件配置，如果寄存器不存在，读寄存器返回一个未定义的值，写寄存器无影响。

（2）写任何值到边沿捕获寄存器，会清 0 所有位。

1）数据（data）寄存器

读取数据库寄存器将返回输入端口的值。如果 PIO 核硬件被配置为 output-only（只输出）模式，读数据库寄存器将返回一个未定义的值。

写数据库寄存器将数据存储到寄存器中以驱动输出端口。如果 PIO 核硬件被配置为 input-only（只输入）模式，写数据库寄存器无影响。如果 PIO 核硬件被配置为双向模式，则仅当在 direction（方向）寄存器中相应的位被置 1（输出）时，被寄存的值才会出现在输出端口上。

2）方向（direction）寄存器

方向寄存器控制每个 PIO 端口的数据方向，假定端口是双向的，当位 *n* 在方向寄存器中被置 1 时，端口 *n* 在数据寄存器的相应位驱动输出值。

仅当 PIO 核硬件被配置为双向模式时，direction 寄存器才存在。模式（输入、输出或双向）在系统创建时指定，并且在运行时不能修改。在输入或输出模式中，direction 寄存器不存在，在这种情况下，读 direction 返回一个未定义的值，写 direction 无影响。

在复位后，方向寄存器的所有位都是 0，所以所有双向 I/O 端口都被配置为输入。如果那些 PIO 端口被连接到 FPGA 器件的引脚，则这些引脚保持高阻状态。在双向模式，为了改变 PIO 端口的方向，要重新编程方向寄存器。

3）中断屏蔽（interruptmask）寄存器

设置中断屏蔽寄存器中的位为 1 允许相应 PIO 输入端口中断。中断行为取决于 PIO 核的硬件配置。中断屏蔽寄存器仅当硬件被配置为能产生 IRQ 时才存在。如果 PIO 核不能产生 IRQ，读中断屏蔽寄存器返回一个未定义的值，写中断屏蔽寄存器无影响。

在复位后，所有中断屏蔽寄存器的位都是 0，所以所有的 PIO 端口中断都被禁用。

4）边沿捕获（edgecapture）寄存器

PIO 核可配置为对输入端口进行边沿捕获，它可以捕获低到高的跳变、高到低的跳变或者两种跳变均捕获。只要在输入端检测到边沿，就会将边沿捕获寄存器中的相应位置 1。

Avalon-MM 主外设能够读边沿捕获寄存器以确定是否有一个边沿出现在任何 PIO 输入端口。写任何值到边沿捕获寄存器将清除寄存器中的所有位。

要探测的边沿的类型在系统创建时就已经选定在硬件中，且不能通过寄存器进行更改。边沿捕获寄存器只能在硬件被配置位捕获边沿时存在。如果 PIO 核没有被配置成捕获边沿，读边沿捕获寄存器将返回一个未定义的值，写边沿捕获寄存器无影响。

5）输出置位（outset）和输出清零（outclear）寄存器

可以使用输出置位和输出清零（outset 和 outclear）寄存器置 1 或清 0 输出端口的指定位。例如，写 0x20（0100 0000）到 outset 寄存器，即设置输出端口的第 5 位为 1；写 0x08（0000 1000）到 outclear 寄存器，即设置输出端口的第 3 位为 0。

这些寄存器只有在选择 Enable individual bit set/clear output register 寄存器为开启时才可用。

6）PIO 中断

PIO 核能输出一个 IRQ 信号，该中断信号连接到主外设。主外设既能够读数据寄存器，也能够读取边沿捕获寄存器以确定哪一个输入端口引发了中断。

PIO 核可以配置为在两种不同的输入条件下产生 IRQ。一是 Level-sensitive（电平检测），PIO 核硬件检测高电平就触发 IRQ；另一种是 Edge-sensitive（边沿检测），PIO 核的边沿捕获配置决定何种边沿类型能触发 IRQ。每个输入端口的中断可以分别屏蔽，中断屏蔽决定哪一个输入端口能产生中断。

当硬件被配置为电平敏感中断，数据寄存器和中断屏蔽寄存器中相应的位是 1 时，IRQ 被确定。当硬件被配置为边沿敏感中断，边沿捕获寄存器和中断屏蔽寄存器中相应的位是 1 时，IRQ 被确定。IRQ 保持确定，直到禁用中断屏蔽寄存器中相应的位或者写边沿捕获寄存器相应的位，这样就可清除该中断。

在 SOPC Builder 中实例化 PIO 核时，需要设置如图 8-34 所示的界面。

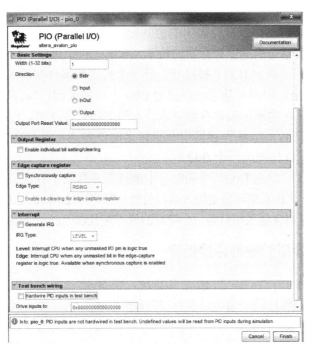

图 8-34　PIO 设置界面

"Basic Settings"（基本设置）项允许设计者指定 PIO 端口的位宽、方向及复位时的取值。"Width"（宽度）设置可以是 1~32 之间的任何整数值。如果设定值为 n，则 I/O 端口宽为 n 位。"Direction"（方向）设置有 4 个选项，如表 8-5 所示。

表 8-5　方向设置

设　置	描　述
Bidir 双向端口	每个 PIO 位共享一个设备引脚用于驱动或捕获数据。每个引脚的方向可以分别选择。如果设置 FPGA I/O 引脚的方向为输入，则引脚的状态为高阻三态
Input 输入端口	PIO 端口只能捕获输入
Output 输出端口	PIO 端口只能捕获输出
InOut 输入/输出端口	输入和输出端口总线是分开的，为 n 位宽的单向总线

对于输出端口，打开"Enable individual bit setting/clearing"（输出寄存器位置位/清零），允许单独设置或清除一个或多个输出寄存器中的位。

"Edge capture register"（边沿捕获寄存器）项允许设计者指定边沿捕获和 IRQ 产生设置。当"Synchronously capture"（同步捕获）打开时，PIO 核包含边沿捕获寄存器。用户必须进一步指定边沿探测的类型：Rising（上升沿）、Falling（下降沿）、Any（上升沿和下降沿）。

在输入端口，当一个指定类型的边沿出现时，边沿捕获寄存器允许核探测并且（可选）产生一个中断。

当"Synchronously capture"（同步捕获）关闭时，边沿捕获寄存器不存在。

打开"Enable bit-clearing for edge capture register"（边沿捕获寄存器的使能位清除），允许单独清除一个或多个边沿捕获寄存器中的位。为了清除给定的位，写 1 到边沿捕获寄存器的位。例如，为了清除边沿捕获寄存器的位 4，可以写 00010000 到寄存器。

当"Generate IRQ"（产生 IRQ）被打开，且一个指定的事件在输入端口发生时，PIO 核可以确认一个 IRQ 输出，用户必须进一步指定 IRQ 事件的原因：Level（电平）是指当一个指定的输入为高，并且在中断屏蔽寄存器中该输入的中断是使能的，PIO 核产生一个 IRQ。Edge（边沿）是指当在边沿捕获寄存器中一个指定的位为高，并且在中断屏蔽寄存器中该位的中断是使能的，PIO 核产生一个 IRQ。

当"Generate IRQ"（产生 IRQ）关闭时，中断屏蔽寄存器不存在。

仿真设置功能允许在仿真期间指定输入端口的值。开启"Hardwire PIO inputs in test bench"以在测试工作台中设置 PIO 输入端口为一个特定的值，并且在"Drive inputs to"域中指定值。

8.2.2 PIO 核应用的硬件环境搭建

上一节，我们搭建了一个简单的 Nios II 系统，在 Nios II 集成开发环境下，几乎没有编写任何用户软件代码，软件代码编译后都有 28 KB 左右，需要经过代码优化后才可以编译通过。因此，本节为 Nios II 处理器增加了一个 SDRAM 控制器组件，这样就可以使用开发板上的 SDRAM 来存放代码。由于使用了 SDRAM，所以片上 RAM 就可以不用了，同时也可省去代码优化的操作。

根据本节的设计要求，需要增加一些并行输入/输出口，具体可分为两组：第 1 组为 4 个输出口，用于控制 4 个 LED 灯；第 2 组为两个输入口，用来读取两个按键的信息。

建立 PIO 应用硬件环境，建立步骤可参见 8.1 节的步骤，下面简述创建步骤中与 8.1 节有差异的地方。

第一步：新建 Quartus II 工程。

新建工程的第一步，设置工程目录、工程名及工程文件名称，如图 8-35 所示。

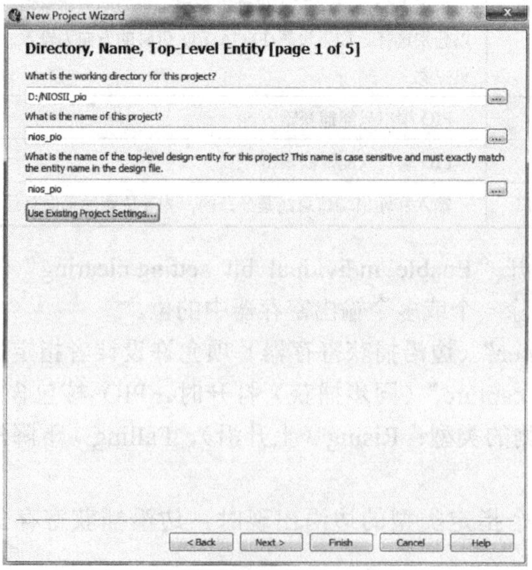

图 8-35 新建工程

其他新建工程的步骤与 8.1 节完全一致。

第二步：生成并配置 Nios Ⅱ 处理器。

在新建的 Quartus Ⅱ 工程中，选择"Tools→SOPC Builder"，弹出创建新的 Nios Ⅱ 系统对话框，给新建的 Nios Ⅱ 系统起一个名字"nios_pio_sys"，单击"OK"按钮，然后在弹出的对话框中对 Nios Ⅱ 系统设置时钟信号，设置时钟名称为 clk，设置时钟频率为 50 MHz。

下面为系统添加组件。首先按 8.1 节的步骤，添加两个常用组件：一个 Nios Ⅱ/e 型的 Nios Ⅱ 处理器、一个 JTAG UART。

由于 Nios Ⅱ 系统用到了外设 SDRAM，所以需要添加 SDRAM 控制器外设。下面为系统添加一个 SDRAM 存储控制器。单击图 8-36 中的"SDRAM Controller"图标，再单击 Add... 按钮，或者直接双击图 8-36 中的"SDRAM Controller"图标，进入图 8-37。

开发板上使用的 SDRAM 是 Winbond 公司生产的，型号是 W9825G6EH-75。查找数据手册得知，该 SDRAM 的行地址为 13 位，列地址为 9 位，BANK 为 4 个，数据线为 16 位。根据这些信息对 SDRAM 控制器进行相应的设置，如图 8-37 所示。

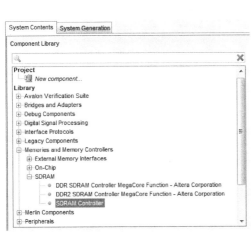

图 8-36　添加"SDRAM Controller"　　　　图 8-37　SDRAM Controller 配置

在图 8-37 中，单击"Next"按钮进入 SDRAM 的时序设置界面，保持默认值。

下面为系统添加两个 PIO 组件，分别用于控制 4 个 LED 灯、读取两个按键的信息。单击图 8-38 中的"PIO（Parallel I/O）"图标，再单击 Add... 按钮，或者直接双击图 8-38 中的"PIO（Parallel I/O）"图标，进入图 8-39。

首先，添加控制 4 个 LED 的 PIO，所以将端口宽度设置为 4 位，端口方向为输出，其他选项均选默认值，如图 8-39 所示，单击"Finish"按钮完成设置。

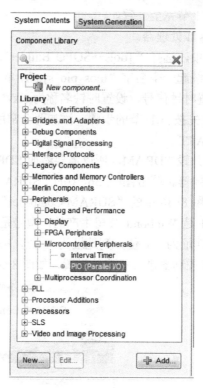

图 8-38 添加 PIO

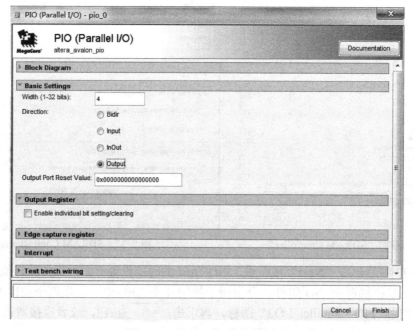

图 8-39 控制 4 个 LED 的 PIO

其次，添加一个读取两个按键信息的 PIO，共需要两根线，所以将端口宽度设置为 2 位，端口方向为输入，如图 8-40 所示，单击"Finish"按钮完成设置。

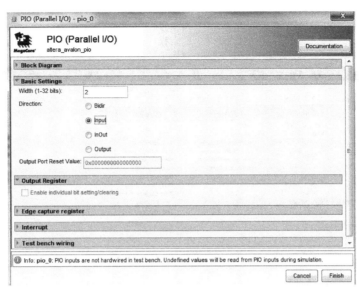

图 8-40　读取按键信息的 PIO

至此，Nios Ⅱ 处理器已添加 5 个组件：CPU、SDRAM、JTAG UART、两个 PIO。对两个 PIO 重命名为 key_i 和 led_o，对 SDRAM 重命名为 sdram。

双击图 8-41 中的 cpu，打开如图 8-42 所示界面，继续对处理器进行设置。由于在 Nois Ⅱ 处理器中已经添加了存储器组件，因此可以设置处理器的复位地址和异常地址。由于仅有一个存储器 SDRAM，所以在"Reset Vector"和"Exception Vector"选项中，"Memory"下拉列表框均选择"sdram"，其他选项保持默认值，完成后的设置如图 8-42 所示。

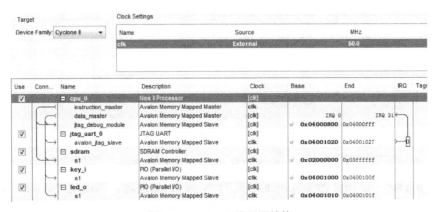

图 8-41　Nios Ⅱ 处理器结构

系统在生成同类组件时，会加数字后缀予以区分。但是，更好的办法是为每个组件重新命名为一个更有意义的名字。对组件重命名的方法是，在每个组件上右击，在弹出的菜单中选择"Rename"，然后填上新名称。

重新分配组件的基地址和中断号，并经过重命名后，得到的 Nios Ⅱ 处理器如图 8-43 所示。

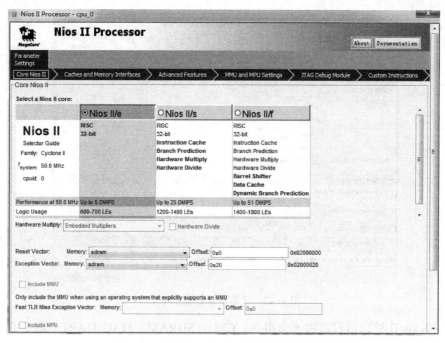

图 8-42　设置处理器复位地址和异常地址

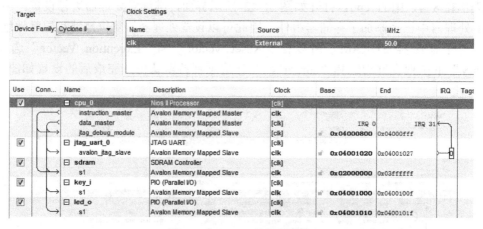

图 8-43　Nios II 处理器结构

最后，单击 Generate 按钮，在弹出的保存对话框中单击 Save 按钮，保存文件名为"nios_pio.sopc"，则开始生成刚刚配置的 Nios II 处理器。当出现"system generation was successful"提示时，说明 Nios II 系统生成成功，单击 Exit 按钮，返回 Quartus II 软件界面。

（3）第三步：在 Quartus II 中建立应用 Nios II 处理器的工程。

建立应用 Nios II 处理器的工程的步骤中，同样需要创建锁相环，将锁相环命名为 nios_pio_pll，同时设置输出频率 c1，如图 8-44 所示。

图 8-44 中，这里产生的时钟信号 c1 供 SDRAM 使用，设置 clk c1 的频率为 50MHz，相位移为-45°。

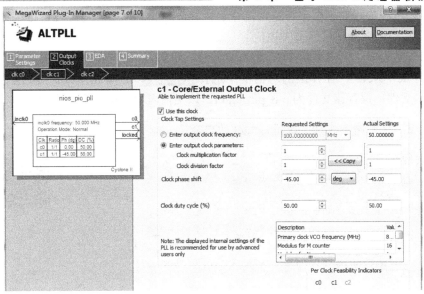

图 8-44　PLL 输出频率 c1 设置

选择菜单"File→New"，在弹出的对话框中选择 Block Diagram/Schematic File，建立一个新的原理图。在原理图设计界面，双击空白处打开添加符号对话框，添加刚刚创建的 Nios Ⅱ 处理器和锁相环，并将 PLL 的 co、locked 端口分别连接到 nios_pio 的 clk、reset_n 端口。然后再为各端口添加输入/输出模块，由于原理图中的输入/输出引脚较多，所以使用批量产生引脚的方法。全选所有模块，右击，在弹出的快捷菜单中单击"Generate Pins for Symbol Ports"，为所有模块生成输入/输出模块。

最后在原理图中修改各模块的属性，修改后的原理图如图 8-45 所示。

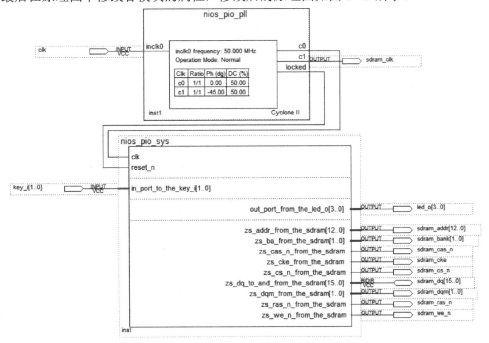

图 8-45　修改元件属性后的原理图

保存工程，在提示对话框中将原理图命名为 nios_pio。单击 ▶ 对工程进行编译。编译无误后，再为输入/输出端口进行引脚锁定。

本例引脚数较多，所以采用 TCL 脚本文件分配引脚。

选择 "File→New"，在弹出的对话框中选择 <kbd>Tcl Script File</kbd>，单击 "OK" 按钮后，即可编辑 TCL 脚本文件，保存该文件为 pio_pinset.tcl，该文件内容如实例 8-2 所示。

实例 8-2 TCL 脚本文件 pio_pinset.tcl 的内容。

扫一扫看
TCL 脚本
文件内容

```
#时钟
set_location_assignment PIN_23 -to clk
#4个led
set_location_assignment PIN_118 -to led_o[3]
set_location_assignment PIN_117 -to led_o[2]
set_location_assignment PIN_116 -to led_o[1]
set_location_assignment PIN_115 -to led_o[0]
#两个key
set_location_assignment PIN_145 -to key_i[1]
set_location_assignment PIN_144 -to key_i[0]


#SDRAM other control signal
set_location_assignment PIN_182 -to sdram_clk
set_location_assignment PIN_207 -to sdram_cs_n
set_location_assignment PIN_3 -to sdram_we_n
set_location_assignment PIN_168 -to sdram_cas_n
set_location_assignment PIN_208 -to sdram_ras_n
set_location_assignment PIN_181 -to sdram_cke
#SDRAM bank
set_location_assignment PIN_205 -to sdram_bank[1]
set_location_assignment PIN_206 -to sdram_bank[0]
#SDRAM dqm
set_location_assignment PIN_185 -to sdram_dqm[1]
set_location_assignment PIN_5 -to sdram_dqm[0]
#SDRAM address
set_location_assignment PIN_169 -to sdram_addr[12]
set_location_assignment PIN_180 -to sdram_addr[11]
set_location_assignment PIN_203 -to sdram_addr[10]
set_location_assignment PIN_179 -to sdram_addr[9]
set_location_assignment PIN_176 -to sdram_addr[8]
set_location_assignment PIN_175 -to sdram_addr[7]
set_location_assignment PIN_173 -to sdram_addr[6]
set_location_assignment PIN_171 -to sdram_addr[5]
set_location_assignment PIN_170 -to sdram_addr[4]
set_location_assignment PIN_198 -to sdram_addr[3]
set_location_assignment PIN_199 -to sdram_addr[2]
set_location_assignment PIN_200 -to sdram_addr[1]
set_location_assignment PIN_201 -to sdram_addr[0]
```

```
#SDRAM data
set_location_assignment PIN_197 -to sdram_dq[15]
set_location_assignment PIN_195 -to sdram_dq[14]
set_location_assignment PIN_193 -to sdram_dq[13]
set_location_assignment PIN_192 -to sdram_dq[12]
set_location_assignment PIN_191 -to sdram_dq[11]
set_location_assignment PIN_189 -to sdram_dq[10]
set_location_assignment PIN_188 -to sdram_dq[9]
set_location_assignment PIN_187 -to sdram_dq[8]
set_location_assignment PIN_6 -to sdram_dq[7]
set_location_assignment PIN_8 -to sdram_dq[6]
set_location_assignment PIN_10 -to sdram_dq[5]
set_location_assignment PIN_11 -to sdram_dq[4]
set_location_assignment PIN_12 -to sdram_dq[3]
set_location_assignment PIN_13 -to sdram_dq[2]
set_location_assignment PIN_14 -to sdram_dq[1]
set_location_assignment PIN_15 -to sdram_dq[0]
```

选择"Tools→Tcl Scripts",在弹出的对话框中选择"pio_pinset.tcl",然后单击"Run"按钮,运行引脚锁定脚本文件,则完成引脚锁定。

单击▶对工程进行编译,编译后生成 nios_pio.sof 文件,将该文件下载到 FPGA 中。至此,整个 Nios II 硬件环境搭建完成,

下面介绍 Nios II 软件设计。

8.2.3 PIO 核应用的软件代码开发

软件设计流程可参见 8.1 节的步骤,下面简述创建步骤中与 8.1 节有差异的地方。

设置 Nios II 软件存放目录为 D:\NIOSII_pio\software。

新建工程对话框中的设置如图 8-46 所示。

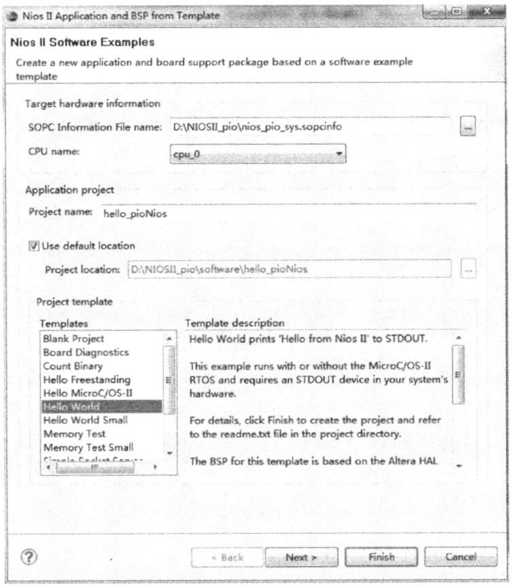

![Nios II Application and BSP from Template 对话框,显示 Nios II Software Examples 设置界面]

图 8-46　Nios II 工程设置

图 8-46 中, 选择工程模板为 `Hello World`; 选择目标硬件为刚刚创建的 Nios Ⅱ 处理器, 可在 "SOPC Information File name" 下拉列表框中选择 nios_processor. sopcinfo, 如果下拉列表框中没有, 则需要通过单击 "Browse" 按钮进行浏览; 为此工程命名, 填入 hello_pioNios。

单击 `Finish` 按钮, 完成 Nios Ⅱ 工程的新建。在此工程中, 已经完成了一个简单的程序设计, 对 hello_world.c 文件修改, 实现任务, 完成后的代码如实例 8-3 所示。

实例 8-3 hello_world.c 文件。

```c
#include <stdio.h>
#include <alt_types.h>
#include <altera_avalon_pio_regs.h>
#include <system.h>
int usleep();                    //全局函数声明
void led_run();
void key_led();
static alt_u8 key_val=0;
int main()
{
  printf("Hello from Nios II!\n");
  while(1)
  {
   key_led();
  }
  return 0;
}
void led_run_R()
{
    alt_u8 data=0x1;
    alt_u8 i=0;
    while(i<4)
    {
        IOWR_ALTERA_AVALON_PIO_DATA(LED_O_BASE,~data); //data 控制 LED
        usleep(100000);                                //延时 100 ms
        data=data<<1;
        i++;
    }

}

void led_run_L()
{
    alt_u8 data=0x8;
    alt_u8 i=0;
    while(i<4)
    {
```

扫一扫看
hello_world.c
文件代码

```
        IOWR_ALTERA_AVALON_PIO_DATA(LED_O_BASE,~data);   //data 控制 LED
        usleep(100000);                                  //延时 100 ms
        data=data>>1;
        i++;
    }


}
void key_led()
{
    alt_u8 data=0;
    data=IORD_ALTERA_AVALON_PIO_DATA(KEY_I_BASE);        //读取键值
    if(data!=0x3)  key_val=(~data)&0x03;                 //取低 2 位
    switch(key_val)
    {
        case 1: led_run_L();break;                       //左移流水灯
        case 2: led_run_R();break;                       //右移流水灯
        default: break;
    }
    usleep(100000);                                      //延时 100 ms
}
```

程序说明：

（1）实例 8-3 完成的功能是实现两个按键控制两种流水灯效果，通过在 main 函数中调用 led_run()函数实现。

（2）实例 8-3 这段程序的功能还包括向 jtag_uart 调试口输出"Hello from Nios II!"。此功能用来观察程序是否下载成功，程序运行是否正常。

（3）IORD_ALTERA_AVALON_PIO_DATA 和 IOWR_ALTERA_AVALON_PIO_DATA 是读端口和写端口的宏定义，在 altera_avalon_pio_regs.h 中。其他端口操作的宏定义也都在 altera_avalon_pio_regs.h 中。

（4）KEY_I_BASE 和 LED_O_BASE 是在 system.h 中定义的宏，分别是 key_i 和 led_o 端口的基地址。Nios II 处理器所有组件的配置信息均包含在 system.h 中。

（5）alt_u8 是一种数据类型，指的是 unsigned char，在 alt_types.h 文件中进行定义。

（6）usleep()是 Nios II 系统自带的一个函数，其功能是延时参数指定的微秒数。例如，调用 usleep(1000)，则意味着延时 1 000 μs，即 1 ms。

（7）本段代码在完成功能设计时，没有进行按键的软件消抖处理。关于使用 C 语言进行按键消抖处理的方法，感兴趣的读者可自行查阅 C51 单片机类书籍。

选择"Project→Build Project"菜单项或者选择工具栏上的图标 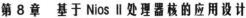 编译整个工程。编译成功后，按着 8.1 节介绍的下载过程，将软件下载到开发板，如图 8-47 所示。

单击图 8-47 中的"Apply"按钮，再单击"Run"按钮，运行 Nios II 系统硬件运行实例。

Nios II 系统运行结果是向 JTAT UART 调试口输出一行信息："Hello from Nios II!"，如图 8-48 所示。同时，在开发板上分别按下两个按键，可以看到两种流水灯效果。

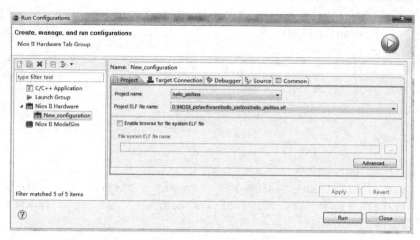

图 8-47 运行配置选项

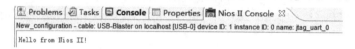

图 8-48 Nios II 系统向 JTAG UART 输出的结果

任务 23 基于 μC/OS-II 的双 task 执行

【任务描述】 本任务在 Nios II 上运行 μC/OS-II 操作系统，实现多线程执行。具体要求如下：
建立两个 task，每个 task 的功能如下：

task1：每 1 s 向 Console 输出"Hello from task1"，同时，实现 LED0 亮灭转换控制。

task2：每 2 s 向 Console 输出"Hello from task2"，同时，由按键实现 LED1 亮灭转换控制，即当按键松开时，LED1 闪烁，当按键按下时，LED1 保持按键前的状态。

【知识点】 本任务假定读者已经有 μC/OS-II 操作系统的应用开发基础知识，包括掌握了 μC/OS-II 操作系统内核的任务调度、任务管理、通信同步，等等。如果读者尚无 μC/OS-II 操作系统的应用开发经验，建议略去此节。在上述基础上，本任务还需要以下知识点：

（1）8.2 节学过的知识点；

（2）在 SOPC Builder 中，基于 Nios II 软核的定时器 TIMER 核的使用方法；

（3）基于 Nios II 处理器应用 μC/OS-II 操作系统的方法。

8.3 在 Nios II 上运行 μC/OS-II 操作系统

μC/OS-II（Micro Control Operation System Two）是一个可以基于 ROM 运行的、可裁剪的、抢占式、实时多任务内核，具有高度可移植性，特别适合于微处理器和控制器的实时操作系统（RTOS）。为了提供最好的移植性能，μC/OS-II 最大程度上使用 ANSI C 语言进行开发，并且已经移植到近 40 多种处理器体系上，涵盖了 8～64 位各种 CPU（包括 DSP）。μC/OS-II 可以简单地视为一个多任务调度器，在这个任务调度器之上完善并添加了和多任务操作系统相关的系统服务，如信号量、邮箱等。其主要特点有公开源代码，代码结构清晰、明了，注释详尽，组织有条理，可移植性好，可裁剪，可固化。内核属于抢占式，最多可以管理 60 个任务。从 1992 年开始，由于高度可靠性、鲁棒性和安全性，μC/OS-II 已经广泛应用于电子产品中。

8.3.1 Nios II 硬件环境的搭建

首先在 SOPC 中建立运行μC/OS-II 的 Nios II 硬件系统，如图 8-49 所示。

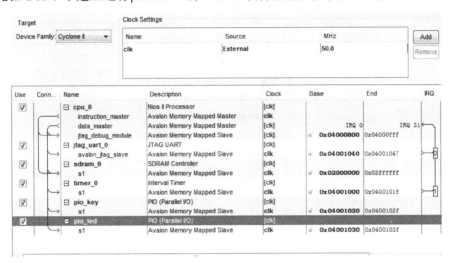

图 8-49 SOPC 硬件配置

需要说明以下几点：

（1）pio_led 是两位的输出端口，控制两个 LED 灯；pio_key 是 1 位的输入端口，读取按键的信息。

（2）为了在控制台（Console）中显示打印的字符串，加入了 JTAG UART。JTAG UART 是 PC 与 SOPC 进行串行传输的一种方式，也是 Nios II 标准的输出/输入设备。如 printf()通过 JTAG UART，经过 USB Blaster 将输出结果显示在 PC 的 Nios II 的 console，scanf()通过 USB Blaster 经过 JTAG UART 将输入传给 SOPC 的 Nios II。

（3）尤其需要注意的是，μC/OS-II 操作系统的运行需要 Timer 作为系统时钟，如果没有 Timer，在软件编译时会出现错误，错误信息如图 8-50 所示。

```
./UCOSII/inc/ucos_ii.h:1708:2: error: #error "OS_CFG.H, Missing
OS_TICKS_PER_SEC: Sets the number of ticks in one second"
make[1]: *** [obj/HAL/src/alt_close.o] Error 1
```

图 8-50 μC/OS-II 没有 Timer 运行报错

（4）若 Nios II 的程序很小，可将软件完全跑在 On-chip Memory，而不需 SSRAM、SDRAM 或 Flash 等其他内存。由于 On-chip Memory 速度最快，也可以将较常用的变量、数组放在 On-Memory 加快读取速度，或将 Exception vector 指定于 On-chip Memory，加快 interrupt 处理。

（5）UART 是 PC 与 SOPC 进行串行传输的另一种方式，也是 Nios II 标准的输出/输入

设备。如 printf()也可通过 UART 经过 RS232 将输出结果显示在 PC 的串口，scanf()也可通过 RS232 经过 UART 将输入传给 SOPC 的 Nios II。

（6）reset vector 就是当系统重置时，CPU 会跳到 reset vector 所指定的地址执行，所以 reset vector 所指定的内存必须是非挥发性内存。

而 exception vector 则是当发生 hardware interrupt 或 software exception 时，CPU 会跳到 exception vector 所指定的地址执行，为了更有效率，会将 exception vector 指向速度最快的内存，通常是 on-chip memory 或 SDRAM。

（7）SDRAM 设置见 8.2 节。

（8）Timer 设置界面如图 8-51 所示。

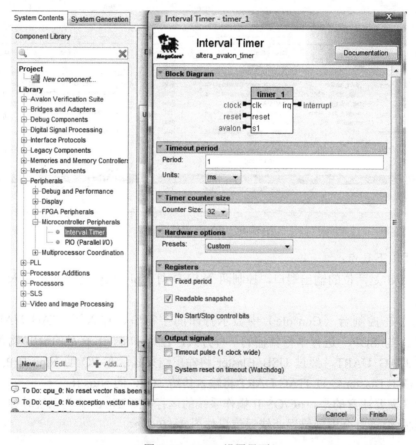

图 8-51　Timer 设置界面

建立好 SOPC 系统后，在 Quartus II 中建立顶层原理图，如图 8-52 所示。

需要说明以下几点：

（1）顶层电路中的 PLL 设置参数时需要注意 SDRAM 的时钟相位，需要根据 SDRAM datasheet 中的时间参数和 Quartus II 编译产生的时序参数、板子走线的延时等具体计算得到，通过公式算出电路中 SDRAM 的时钟相位为-45°。

（2）需要将未用引脚置成输入三态。因为未用引脚默认接地，而低电平可能引起存储器工作异常。将未用引脚置成输入三态的设置方法前文有说明，不再赘述。

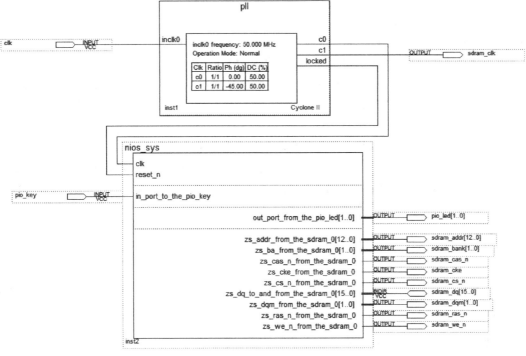

图 8-52　顶层原理图

8.3.2　Nios II **软件设计**

新建工程时，选择 Hello MicroC/OS-II 工程模板、选择 CPU、设置文件名，如图 8-53 所示。

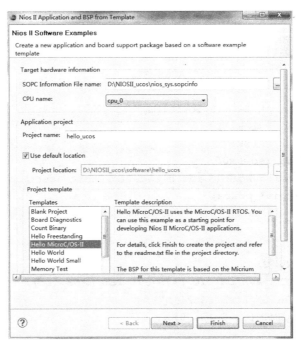

图 8-53　新建 μC/OS-II 工程

单击"Finish"按钮完成工程的建立。

在编写软件前，需要说明以下几点：

（1）可将程序放在 on-chip memory 中运行，不过一般 on-chip memory 容量小，编译时会出现容量不够的错误，这时可将程序改在 SDRAM 或 SRAM 中运行。

（2）建议将软件全部跑在 SDRAM，主要是因为 SDRAM 容量通常是最大的，当然也可以跑在其他内存。另外，SDRAM 的 clk 需要 phase shift，建立 SOPC 系统时最常出现的问题都是在 SDRAM 上。

（3）使用 Hello Wrold 和 Hello MicroC/OS-II 测试硬件是否设计成功。

Quartus II 能正常编译，不代表硬件设计成功，SOPC Builder 各 controller 的参数设定错误、clk 设定错误、top module 联机错误、Quartus II 设定错误等，都可能造成 Nios II 无法执行。所以先用最简单的 Hello World 测试硬件，若连 Hello World 都不能执行，软件部分就不用继续了，先回头找硬件部分的 bug。

然后再用简单的 Hello MicroC/OS-II 测试硬件。能成功执行 Hello Wrold 与 Hello MicroC/OS-II，表示软硬件都已经设定妥当，可以正式用 C 语言编写程序代码了。

（4）修改 hello_ucosii.c，这是一个多线程且控制硬件的程序，修改部分见程序代码中的粗斜体部分，如实例 8-4 所示。

实例 8-4 Nios II+ucos 程序。

```
#include <stdio.h>
#include "includes.h"
#include "altera_avalon_pio_regs.h"
#include "system.h"

/* Definition of Task Stacks */
#define   TASK_STACKSIZE      2048
OS_STK    task1_stk[TASK_STACKSIZE];
OS_STK    task2_stk[TASK_STACKSIZE];

/* Definition of Task Priorities */
#define TASK1_PRIORITY      1
#define TASK2_PRIORITY      2
static alt_u8 led=0x00;
/* Prints "Hello World" and sleeps for three seconds */
void task1(void* pdata)
{
  while (1)
  {
    led=led^0x02;
    IOWR_ALTERA_AVALON_PIO_DATA(PIO_LED_BASE,led);
    printf("Hello from task1\n");
    OSTimeDlyHMSM(0, 0, 3, 0);
  }
}
```

```
/* Prints "Hello World" and sleeps for three seconds */
void task2(void* pdata)
{
  while (1)
  {
    alt_u8 data=0x0;
    data=IORD_ALTERA_AVALON_PIO_DATA(PIO_KEY_BASE); //读取键值
    led=led^data;
    IOWR_ALTERA_AVALON_PIO_DATA(PIO_LED_BASE,led);
    printf("Hello from task2\n");
    OSTimeDlyHMSM(0, 0, 3, 0);
  }
}
/* The main function creates two task and starts multi-tasking */
int main(void)
{

  OSTaskCreateExt(task1,
          NULL,
          (void *)&task1_stk[TASK_STACKSIZE-1],
          TASK1_PRIORITY,
          TASK1_PRIORITY,
          task1_stk,
          TASK_STACKSIZE,
          NULL,
          0);

  OSTaskCreateExt(task2,
          NULL,
          (void *)&task2_stk[TASK_STACKSIZE-1],
          TASK2_PRIORITY,
          TASK2_PRIORITY,
          task2_stk,
          TASK_STACKSIZE,
          NULL,
          0);
  OSStart();
  return 0;
}
```

程序说明：

1）头文件 "system.h"

system.h 记载着 SOPC Builder 中各控制器的信息，这些信息用于访问各控制器。
PIO_LED_BASE 和 PIO_KEY_BASE 的说明就在其中。

2）头文件"altera_avalon_pio_regs.h"

altera_avalon_pio_regs.h 定 义 了 IORD_ALTERA_AVALON_PIO_DATA() 与 IOWR_ALTERA_AVALON_PIO_DATA()两个函数，可以利用它们存取各控制器的 register。例如，读者可以使用这两个函数来读取按键的值，然后控制 LED 的亮灭，具体功能为：当开关按下时，LED 灯保持原状态，当开关松开时，则 LED 灯闪烁。具体实现方法是通过 IORD_ALTERA_AVALON_PIO_DATA()读取按键 SW 的状态，然后再通过 IOWR_ALTERA_AVALON_PIO_DATA()来控制 LED 显示。

知识小结

在本章，详细介绍了处理器软核 Nios II 的应用，重点讨论了以下知识点：
✓ 基于 Nios II 处理器的设计流程。
✓ 基于 Nios II 处理器的 PIO 核的应用设计。
✓ 在 Nios II 上运行 μC/OS-II 操作系统。

习题 8

扫一扫看
本章习题

1．基于 Nios II 设计具有校时和闹钟功能的数字钟。
2．基于 Nios II 设计几种跑马灯的运行模式，并通过按键进行模式选择。
3．基于 Nios II 控制 4 个数码管滚动显示"123456789"。
4．基于 Nios II 控制液晶滚动显示 26 个字母。
5．使用 Nios II 处理器的中断，控制 LED 以 1 Hz 频率闪烁。
6．在 Nios II 上运行 μC/OS-II 操作系统，要求建立两个任务。任务 1 的功能：按键 KEY0 实现加 1 计数，并将计数值显示在数码管上。任务 2 的功能：按键 KEY1 控制 LED 的亮灭，按下 KEY1，LED 亮，释放 KEY1，LED 灭。

反侵权盗版声明

电子工业出版社依法对本作品享有专有出版权。任何未经权利人书面许可，复制、销售或通过信息网络传播本作品的行为，歪曲、篡改、剽窃本作品的行为，均违反《中华人民共和国著作权法》，其行为人应承担相应的民事责任和行政责任，构成犯罪的，将被依法追究刑事责任。

为了维护市场秩序，保护权利人的合法权益，我社将依法查处和打击侵权盗版的单位和个人。欢迎社会各界人士积极举报侵权盗版行为，本社将奖励举报有功人员，并保证举报人的信息不被泄露。

举报电话：（010）88254396；（010）88258888

传　　真：（010）88254397

E-mail：　dbqq@phei.com.cn

通信地址：北京市海淀区万寿路 173 信箱
　　　　　电子工业出版社总编办公室

邮　　编：100036